U0247636

特色农业与气象系列丛书

丛书主编：王春乙

都市农业气象保障技术

黎贞发　李　春　董朝阳　主编

气象出版社
China Meteorological Press

内容简介

伴随着经济高速增长，我国城市化和农业现代化快速发展，这种与都市功能相契合，以都市需求为导向，以都市科技、装备为支撑，以现代产业体系和新型经营模式为载体，以职业农民为主体的融生产、生活、生态、示范等多种功能于一体的都市农业也发展迅猛，而都市农业安全高效生产更需要精细化专业化的气象服务技术的支持，从而推动了都市农业气象保障技术水平提高。本书通过总结京津冀、长三角、珠三角、成渝及武汉等几大城市群中有代表性的城市开展都市农业气象服务技术应用研究的新成果，梳理出我国都市农业气象服务的需求及特色，详细介绍了我国都市农业气象服务技术体系的架构、关键技术、服务模式及服务案例，并对我国都市农业气象服务技术的发展进行了展望。该书可供开展都市农业气象业务服务及科学研究的技术人员、生产管理者参考。

图书在版编目（CIP）数据

都市农业气象保障技术 / 黎贞发，李春，董朝阳主编. -- 北京：气象出版社，2024.5. -- （特色农业与气象系列丛书 / 王春乙主编）. -- ISBN 978-7-5029-8295-9

Ⅰ. S163

中国国家版本馆 CIP 数据核字第 2024A6N553 号

Dushi Nongye Qixiang Baozhang Jishu

都市农业气象保障技术

黎贞发　李　春　董朝阳　主编

出版发行：气象出版社

地　　址：北京市海淀区中关村南大街 46 号	邮政编码：100081
电　　话：010-68407112（总编室）　010-68408042（发行部）	
网　　址：http://www.qxcbs.com	E-mail：qxcbs@cma.gov.cn
责任编辑：张锐锐　吕厚荃	终　　审：张　斌
责任校对：张硕杰	责任技编：赵相宁
封面设计：艺点设计	
印　　刷：北京建宏印刷有限公司	
开　　本：710 mm×1000 mm　1/16	印　　张：13.25
字　　数：268 千字	
版　　次：2024 年 5 月第 1 版	印　　次：2024 年 5 月第 1 次印刷
定　　价：98.00 元	

本书如存在文字不清、漏印以及缺页、倒页、脱页等，请与本社发行部联系调换。

《特色农业与气象系列丛书》编委会

主　编：王春乙

副主编：姜　燕　王培娟

顾　问：徐祥德

编　委（按姓氏笔画排序）：

马宏伟	马青荣	马国飞	王　刚	王　华
王　静	王立为	王雪姣	王景红	文　彬
邓爱娟	左　晋	冯利平	匡昭敏	成　林
吕厚荃	朱　勇	任传友	邬定荣	刘　敏
刘　静	刘志雄	刘荣花	刘跃峰	刘瑞娜
安　炜	祁　伟	许　莹	孙东磊	杨　凡
杨　军	杨　凯	杨　超	杨太明	杨世琼
杨建莹	李　春	李　莉	李　楠	李　燕
李　霞	李　鑫	李云鹏	李化龙	李伟光
李旭旭	李兴华	李红英	李丽纯	李丽容
李彤霄	李迎春	李茂松	李新建	宋艳玲
张　羽	张加云	张京红	张学艺	张柳红
张晓煜	张继权	张维敏	张黎红	陈　辰
陈　惠	武荣盛	欧钊荣	金志凤	金林雪
赵玉兵	胡雪琼	姚树然	姚艳丽	袁小康
袁福香	徐梦莹	高西宁	高　岩	郭建平
郭春迓	黄淑娥	符　昱	梁　燕	董航宇
董朝阳	樊高峰	黎贞发	薛晓萍	穆　佳

总 序 //////

习近平总书记强调"粮食安全是'国之大者'"。粮食安全是国家安全的重要基础,也是我国经济社会发展的"压舱石"。党中央、国务院高度重视粮食安全问题,始终把解决人民吃饭问题作为治国安邦的首要任务。以习近平同志为核心的党中央立足世情、国情、粮情,确立了"以我为主、立足国内、确保产能、适度进口、科技支撑"的国家粮食安全战略。在2022年全国"两会"期间,习近平总书记再次指出,"要树立大食物观""在确保粮食供给的同时,保障肉类、蔬菜、水果、水产品等各类食物有效供给"。"大食物观"拓展了传统的粮食边界,指导我们从更广的维度认识和把握国家粮食安全。

特色农业是以资源为基础、以科技为支撑、以规模化生产和品牌化经营为手段、将区域内特有的农产品转化为特色商品的现代农业,近年来以其独特的区位优势资源、独特的产品品质和高效的经济价值得到迅速发展,形成了从特色作物种植、水产养殖,到规模化生产、加工、贮运、销售的完整产业链,在精准扶贫和乡村振兴中发挥了重要作用,是保障国家粮食安全、促进现代农业经济发展的重要抓手。《国务院关于印发气象高质量发展纲要(2022—2035年)的通知》(国发〔2022〕11号)要求,提高气象服务经济高质量发展水平,实施气象为农服务提质增效行动。强化特色农业生产气象保障技术应用是气象部门落实《气象高质量发展纲要(2022—2035)》,服务于国家粮食安全、乡村振兴、改善民生等国家战略的重要举措。

近年来,特色农业产值已发展到我国农业总产值的50%以上,产区覆盖了94%的重点脱贫县。特色农业产区地域性强,经济价值高,对生长环境要求独特,气象条件对特色农产品影响远大于普通农作物,使得特色农业气象服务尤为重要。然而,特色农产品产区农业基础设施普遍偏差,作物抗灾能力弱,也制约着特色农业产业的发展,迫切需要提高特色农业气象服务保障能力。2017年和2020年,中国气象局和农业农村部联合,分两批建立了15个特色农业气象服务中心;2024年,中国气象局与农业农村部、国家林业和草原局联合,建立了第三批10个特色农业气象服务中心。针对国家粮食安全和重要农产品有效供给的重大战略需求,面对气候变化、农业供给侧结构性改革和民生需求,以及国际贸易复杂多变的形势,各特色农业气象服务中心围绕着与国家安全相关的油料和橡胶等重要农产品、关乎民生的"菜篮子"

"果篮子"和居民生活品质的特色农产品，开展农业气象监测、气象灾害预警及风险评估、农业保险、产量预报和品质评估、农用天气预报、农业气候区划等关键气象保障技术研发，实现特色农产品生产全程气象保障的精细化、多元化、特色化服务，为保障国家粮食安全、满足民生需求、降低气候变化影响风险、促进区域可持续发展等提供了科学依据和数据支撑，在促进农业增产、农民增收、农村繁荣和社会主义新农村建设中发挥了重要作用。

    "十三五"期间，科技部启动了"主要经济作物优质高产与产业提质增效科技创新"重点研发计划。由中国气象科学研究院原副院长王春乙研究员为首席科学家，联合国内多所高校、科研院所、业务单位、相关企业，组建研究团队，成功获批了重点研发计划项目"主要经济作物气象灾害风险预警及防灾减灾关键技术"（2019YFD1002200）。经过项目组近四年的科研攻关，结合各特色农业气象服务中心十几年的科研业务服务积累，形成了本丛书。丛书由王春乙担任主编，由各特色农业气象服务中心和"十三五"国家重点研发计划项目的技术负责人担任各分册主编，全面展现近年来气象部门在特色农业气象保障技术方面取得的一系列创新性成果，系统阐述种植业、养殖业、设施农业、都市农业等特色农业气象的新技术、新方法，是一套学术水平高、创新性和适用性强的专业丛书，对进一步拓展气象为农服务领域、提高气象为农服务科技水平具有很好的参考作用。为此，我谨向该丛书的作者和气象出版社表示衷心的感谢。

中国工程院院士　徐祥德

2024 年 2 月

前　言///////

　　我国都市农业的发展始于 20 世纪 90 年代，目前都市农业已经成为各大城市农业发展的主导思想，呈现出良好的发展态势，其中以地处京津冀、长三角、珠三角和成渝地区四大都市群的北京、天津、上海、南京、广州、深圳、重庆、成都等大中城市发展最好。伴随着经济高速增长，我国城市化和农业现代化快速发展，这种与都市功能相契合，以都市需求为导向，以都市科技、装备为支撑，以现代产业体系和新型经营模式为载体，以职业农民为主体的融生产、生活、生态、示范等多种功能于一体的都市农业也发展迅猛，而都市农业安全高效生产更需要精细化、专业化的气象服务技术的支持，从而产生了提高都市农业气象保障技术水平的迫切需求。

　　为加强我国都市农业气象服务能力，2017 年中国气象局和农业农村部批准成立了"都市农业气象服务中心"。该中心由天津市农业气象中心牵头，联合北京、天津、上海、重庆、广州、武汉等气象与农业相关部门，开展都市农业气象服务技术应用研究，大力发展专业化的服务保障业务，使我国都市农业气象服务从无到有，并初步形成了具有中国特色的技术体系。本书通过总结京津冀、长三角、珠三角、成渝及武汉等几大城市群有代表性的城市开展都市农业气象服务技术应用研究的新成果，梳理出我国都市农业气象服务的需求及特色，详细介绍我国都市农业气象服务技术体系的架构、关键技术、服务模式及服务案例，展望了我国都市农业气象服务技术的发展。

　　本书共分 6 章，第 1 章简要介绍了都市农业的由来、国内外发展与现状，由黎贞发编写。第 2 章介绍了都市农业发展特征、形式与功能以及气象服务需求，由黎贞发编写。第 3 章介绍了生产型农业的气象保障技术，包括服务模式、应用技术、案例，由董朝阳、宫志宏、李春、李根、李光一、李明、刘涛、刘淑梅、黎贞发、乐章燕、孟翠丽、彭晓丹、于红、武强、王铁编写，李春负责统稿。第 4 章介绍了生态和生活型农业的气象保障技术，包括服务模式、应用技术、案例，由董朝阳、黄蕾、李春、李根、李秋月、罗孳孳、彭晓丹、张桂香、周宇编写，董朝阳负责统稿。第 5 章介绍了都市农业气象服务平台设计，包括需求分析、设计原则、框架设计、功能设计、案例，由董朝阳、范莉、宫志宏、李春、黎贞发、彭晓丹、史艳姝编写，董朝阳负责统稿。第 6 章针对我国都市农业气象保障技术发展趋势进行了展望，由董朝阳、李春、黎贞发编写，李春负责统稿。全书由黎贞发、李春、董朝阳主持编写。

在编写过程中,除了吸收本研究团队近年来的研究成果外,还参考了相关领域的国内外文献、专利等。另外,都市农业气象服务中心成员单位很多专家参与本书的修订,在此特致以真诚感谢。

　　由于我国都市农业发展迅速,而都市农业气象服务起步较晚,相关的理论、方法、技术还在不断完善中,深感出版此书的责任与压力巨大,由于作者水平有限,书中难免有疏漏之处,敬请各位读者批评指正。

编者

2023 年 8 月

目　录//////

第 1 章

都市农业的由来与发展现状

1.1 都市农业概念

中国都市现代农业兼具区域性和功能性(周培,2018),从历史进程和国内外发展现状看,都市农业发展有两个关键要素。

(1)区域概念:都市农业与城市相伴相生。

(2)功能概念:都市农业是工业化的产物。

都市农业,英文一般用"urban agriculture"或"agriculture in city countryside"来表述,通常不是特指某一具体的产业,而更多是体现一种地域形态的农业,是指"在城市内部及其周边地区,服务于城市居民需求的农业"。都市农业的显著特征包括:①地域特性,即以城市为核心的一种农业形态;②多功能属性,即不仅仅简单地为城市居民提供健康安全食物产品,还兼具"生活""生态""文化"等多方面功能。地域属性的都市农业,是城市化的伴生产物,紧密围绕在城市及其周边地区,具有显著的地域特征和一定的区域界限:既包括在城市内部空间拓展的农业,也包含城郊农业和近郊农业。由于所处地域的特殊性,地域属性的都市农业要求:①在有限的空间内以尽量少的资源(如水、肥、劳动力等)投入,产出尽可能多的农产品,其技术特征主要突出立体化、无土化、工厂化等,这也是区别于传统农业的关键所在;②充分利用城市空间发展农业,如屋顶、阳台、绿地、空闲建筑、地下空间等,大幅拓展可用于耕种的土地资源。产业属性的都市农业,要求在构筑城市食物生产系统的同时,积极拓展农业的非食物性和多功能属性,尤其是生活、生态、文化与服务等生产以外的功能;为城市居民提供"三产"消费,如观光、休闲、体验、康养、参与、科普等,以满足人们日益增长的美好生活需求(杨其长,2022)。

目前学界普遍认可的都市农业是工业化推动城市快速发展后,带来了一系列城市问题,人们希望在城市地区发展一些特殊类型的农业,以更好地满足城市需求。

这类农业带有明显的功能性,是应对城市需求和城市问题的农业。一般而言,都市农业表现为两类形态:一类是集约化的产品型都市农业,例如生态农业、设施农业、创汇农业、垂直农业等;另一类是服务型都市农业,诸如休闲农业、绿化农业、旅游农业、认养农业等。都市农业的发展不再单纯考虑产出,而且需要兼顾生态,城市居民开始追求绿色、宜居、健康的生活方式。另外,随着城市的发展,交通拥堵、生活高压、人口密集等问题的出现对于都市农业的发展提出了土地集约化利用和城乡互动体验生活的需求。虽然各国都市农业的发展过程和特征有很多共同点,但由于都市农业发展受气候、土地、种植结构、城市规划等多种因素的影响,各国都市农业功能、特点也有不少差异,这从国内外都市农业的定义可以看到这一差异。

都市农业发展较早的欧洲国家对都市农业的定义,是指在都市化地区,利用田园景观、自然生态及环境资源,结合农林牧渔生产、农业经营活动、农村文化及农家生活,为人们休闲旅游、体验农业、了解农村提供场所。即,将农业的生产、生活、生态"三生"功能结合于一体的产业。可以看出欧洲国家的都市农业其生活性生态性功能更为突出,更注重休闲、体验等作用。

在我国,都市农业近 20 a 来伴随我国经济高速增长得到快速发展,现代农业与传统农业交织,与国外发达国家有不同特征。有学者定义,我国都市农业是指处于城市化和半城市化地区边缘的一种综合性农业,是与都市功能相契合,以都市需求为导向,以都市科技、装备为支撑,以现代产业体系和新型经营模式为载体,以职业农民为主体的融生产、生活、生态、示范等多种功能于一体的现代大型农业系统(邱国梁 等,2019)。

世界粮食与农业组织(Food and Agriculture Organization,FAO)对都市农业的定义是:存在于城市范围内或靠近城市地区,以为居民提供优质、安全的农产品和优美、和谐的生态环境为目的的区域性、局部性农业种植。

笔者综合我国都市农业发展特征和未来发展态势,对都市农业作以下定义:都市农业是指地处都市及其延伸地带,受城市经济势力影响,将农业的生产、生活、生态"三生"功能结合为一体,且一二三产融合发展的现代农业。

1.2 国外都市农业的发展与现状

西方都市农业发展和相关的理论研究比较早。德国经济学家屠能早在 1826 年就确立了都市农业的基本发展理论——"屠能圈原理"。这种理论一方面假设都市农业"孤立"存在,这些都市农业生产经营活动在成本上与其他农村地区没有差别,单从生产运输的供应距离来看,都市农业会围绕城市做同心圆向外延伸(约翰·冯·杜能,

2011）。19 世纪末,霍华德提出"田园城市"的概念,这是立足于城市生活结合乡村生态的福利思想(埃比尼泽·霍华德,2010)。1930 年,日本出版的《大阪府农会报》中首次明确提出"都市农业"一词,青鹿四郎(1935)在《农业经济地理学》中提出:"都市农业是存在于城市中的商业地区、工业地区、居住区等城市区域之间或是围绕着这些地区的先进的、特殊的农业"。20 世纪中叶,美国的一些农业经济学家提出了"都市农业区域""都市农业生产方式"等概念。20 世纪 70 年代以来,都市农业在全球范围内迅速发展起来,大体上有三种发展模式:

第一种是地广人稀之偏重生产、经济功能的模式。以美国为代表美国大西洋沿岸被认为是世界上最富有的地区之一,以波士顿、纽约、费城、巴尔的摩、华盛顿五大都市圈形成的带状区域,被称为"巨型带状都市"。这一南北长约 960 km,东西宽约 50～160 km 的区域里都市和农村相互交叉,融为一体,农业如网络一样分布在城市群之中。该区域内形成了独特的都市农业。其注重生产、经济效益,这种模式与这个国家的地广人稀、工业发达、劳力不足的国情和从农业机械化起步、以提高劳动生产率和商品率为目标的农业现代化的发展道路是吻合的。在美国,都市农业被称为都市区域内的农业,占美国总面积的 10%,其生产的农产品价值已占美国农产品总价值的 1/3 以上。这种都市农业规划既充分体现整个国家农业的区域布局,同时又体现了地方特色,将都市与地方特色紧密的结合。美国都市农业非常注重发展休闲、观光旅游。美国提供大量的绿色休闲度假胜地,在提供休闲、娱乐的同时,也带来了可观的经济效益。

第二种是资源与人口相互平衡之偏重生态、社会功能的模式。以中西欧国家为代表,以欧洲城市最典型,如英国的森林城市,德国的田园化城市等,由于经济发达和文化传统等原因,更重视人与自然环境的和谐相处和生活质量的改善与提高。法国、德国都是尚农、强农的国家,人们的价值观念在农业上的体现并不是一味地追求经济效益,他们还有强烈的崇"绿"和美食意识,充满绿色和阳光的田园、农村成为他们的主要度假地,同时还把美食作为生活的重要部分。欧洲各国为增进农村活力,政府和民间合力推出了绿色的观光休闲度假,以便为人们在闲暇时间提供一个好去处。在这方面法国、德国是典型。在法国,人们在农庄休闲度假的住宿日数占全国观光业住宿率的 20%。2003 年法国年农业旅游收入达 100 亿法郎,占其全国年旅游收入的 1/4。同时民宿农庄还兼有体验农业、农产品直销、提供客人自饮料理等服务。

第三种是人多地少之生产、经济功能和生态、社会功能兼顾的模式。以东亚的日本和南亚的新加坡为代表。日本有许多高集约化的尖端农业,尽管其国内食品需求量的 60% 以上来自国外,但蔬菜自给率却高达 90% 以上,城市四周有许多土地用于植树造林,美化城市,发挥生态功能,国土面积的 60% 以上为森林所覆盖。日本、新加坡是亚洲都市农业发展较好的国家,与西方发达国家相比,其都市农业开发较晚,但发展速度很快、成效显著。在都市农业生产实践中突出自己的发展特色,采取兼顾经济、社会、生态功能的发展模式,使得日本都市农业发展出现了多种形态。新加坡规划建造 10 个农业科技公园,公园内建 500 个高技术农场,约占公园面积的 10%,供投资者发展尖端农业,把公园与农业科学结合在一起,是生态农业和经济功能相结合的完美形式(俞菊生,1999;崔宁波 等,2018)。

1.3　我国都市农业的发展与现状

中国都市农业的提出与实践始于 20 世纪 90 年代,目前都市农业已经成为中国各大城市农业发展的主导思想,呈现出良好的发展态势,其中以地处京津冀、长三角、珠三角和成渝地区四大都市群中的北京、天津、上海、南京、深圳、重庆、成都等大中型城市发展最好。1994 年上海成为我国第一个将"都市农业"列入"九五"计划和 2010 年远景目标的城市,已在设施农业、观光农业、庄园农业的发展方面取得显著成效。1998 年,在北京召开了首次全国"都市农业研讨会",北京市明确提出,要以现代农业作为都市农业新的增长点,强化其食品供应、生态屏障、科技示范和休闲观光功能,使京郊农业成为我国农业现代化的先导力量;深圳特区建立之初,主要是发展"创汇农业"进而发展"三高农业",适应国际化大都市建设的需要。1999 年天津市提出,在近郊环城地带发展都市型农业,在远郊地带发展城郊型农业和在滨海地带发展滨海型农业的宏观布局模式(都市农业发展带)。2012 年 4 月 26—27 日,农业部在上海召开了"全国都市现代农业现场交流会",这是农业部第一次以都市现代农业为主题、专门面向大中城市召开的一次现场交流会。此后每两年召开 1 次,已召开五届。伴随着我国经济社会的快速发展,极大推动都市农业进入新的发展阶段。

虽然都市现代农业不仅在城市的经济份额中微不足道,在整个农业的比重也很小,但这并不影响都市现代农业的地位举足轻重,因为与城市二、三产业相比,农业是一个有生命活力的产业;与农村地区农业相比,都市农业更接近现代先进要素。一是它要服务于都市的需求,包括生产供给保障、生态环境维护和生活品质提升。生产供给保障又包括分担粮食安全责任、稳定"菜篮子"产品市场和保障农产品质量安全,尤其"菜篮子"产品关系到市场稳定和社会稳定,提高地产能力有助于稳定本地市场,进而稳定全国市场;生态环境问题是工业化和城市化造成的重大社会问题之一,因人口和产业的聚集,城市生态环境非常脆弱,农业具有潜在的维护生态环境的功能,都市农业积极的生态维护功能主要包括农作物的净化功能和碳汇功能,以及农业参与城市废弃物的循环;收入水平的提高和城市生活的单调形成了城市居民对观光休闲农业的需求,都市农业面临提高市民生活品质的需求。二是增加城郊农民收入。尽管都市农业占城市经济的比重已经非常低,城市不太可能依靠农业发展来实现经济增长,同时城郊农民来自非农业的经济收入也越来越多,但都市农业的发展对城郊农民利益的保障仍然具有现实而重要的意义。三是带动农区农业发展。都市农业不仅因更容易获得资本和先进技术,从而技术的现代化程度高于农区农业,而且因地处城市化水平高的社会经济结构中,其生产经营组织的现代化程度也要高于农区农业,这些作为农业现代化的基本要素,都市农业都是走在全国农业的前列,从而对农区农业的示范、辐射和带动功能是都市农业的重要历史使命。

根据都市现代农业发展的战略价值和农业科技发展的重要趋势,以及借鉴国外发展经验,目前,中国都市农业发展重点围绕以下六个方面推进。一是建立与城市规模扩大相适应的都市农业资源环境保护制度;二是围绕生态文明建设,推进都市农业资源节约技术和清洁生产技术的重大突破。三是围绕农产品质量安全,推进都市农业生境控制技术和信息追溯技术的广泛应用;四是围绕核心能力提升,推进都市农业种源技术和智慧农业技术的大力发展;五是围绕产销体系优化,推进都市农业电子商务技术和物流技术的系统集成;六是强化一二三产业融合,发展新兴业态,拓展多功能,实现"一产延伸、二产拉动、三产牵引",提升都市农业综合效益。气象服务要紧紧围绕现代都市农业发展需求有针对性地展开。

第 2 章

都市农业气象服务需求

2.1 都市农业的发展特征

都市农业处于无城乡边界的空间。城市迅速发展地区的农业所处的地域边界模糊起来。一种情况如日本许多城市在扩展过程中,农业以其优美的环境被保留下来,并在都市内建立各种自然休养村、观光花园和娱乐园,形成插花状、镶嵌型农业;另一种情况是分布在城市群之间的农业,这些地区的农村基础设施与城市无异,与中心城区交通方便,已经完全城市化。

都市农业突破生产性的内涵。都市农业除具有生产、经济功能外,同时具有生态、观光、社会、文化等多种功能。

都市农业表现出高集约化的趋势。处于城市化地区的农业资源条件明显不同于一般地区,农业经营表现出高度集约化的趋势。一是表现为设施化、工厂化;二是表现为专业化、基地化;三是表现为产业化、市场化。

在国内,上海是以产业化、科技化、信息化、市场化为主要标志,集经济、社会、生态功能和示范功能、创新功能于一体,具有中国特色、时代特征、上海国际化大都市特点的现代化都市农业。北京是近郊以社会性功能为主,远郊以经济性功能为主,山区以生态性功能为主的都市农业。深圳由于农业用地少,主要发展观光休闲农业。台湾是以休闲为主的休闲农业,台湾学者认为,都市农业是将农业的生产、农民的生活、农村的生态等功能结合于一体的产业。天津、成都、沈阳、南京、福州、广州、武汉、重庆等直辖市和省会城市,正在努力实现由传统的城郊农业向都市农业转化,由过去单一的生产功能向经济、社会、生态等多功能方向转化,空间布局由外围圈层向网络型发展。同时这些城市借助其地理优势,应用高科技发展都市农业,也成为都市农业的一个走向(马云华,2019)。

2.2　都市农业的功能与形式

都市农业的基本功能可以概括为以下 6 个方面(句芳,2007)。

(1)生产和经济功能

都市农业的生产功能主要体现在合理布局生产保障型产业,生产粮食、蔬菜、肉禽蛋奶等常规农副产品和开发名特优、鲜活农副产品,满足中心城市人们不同层次的物质需求。经济功能主要体现于两方面:其一,都市农业可以利用现代工业技术,推进资源优化配置,具备大幅提高农业生产力水平、增加城乡劳动力就业、提升城乡产业结构、保证农业经营者(农民)增产又增收的功效。其二,都市农业依托大城市对外开放和良好的口岸等自然优越条件,冲破地域的界限,实行与国际大市场相接轨的大流通、大贸易经济格局,发展出口型创汇型农业。其形式如承担城市保供农业产业园、养殖场等。

(2)社会和生活功能

都市农业首先起着社会劳动力"蓄水池"和稳定"减震器"的作用,不仅具有为市民和市场提供丰富的农产品和服务功能,而且可以创造出大量的就业机会,为都市农业的生产经营者带来丰厚的收益。其形式如农业公园、认养农业、阳台农业。

(3)文化和教育功能

都市农业的蓬勃发展为现代农业融入了更多的文化内涵与教育功能;其文化功能主要表现在增强了人们对现代农业和文化内涵的感知。其形式如承担研学功能的教育农园、市民农园。

(4)生态功能

都市农业的生态功能主要体现在充分发挥都市农业洁、净、美、绿的特色,建立人与自然、都市与农村和谐的生态环境,使整个都市充满生机和活力。其形式如苗木基地、观花赏花。

(5)旅游功能

通过采取让游人参与农业生产活动的方式,激发其在农业生产实践中学习农业生产技术,体验收获和品尝乐趣。其形式如观光农园、民俗观光园、民宿农庄、农业荐游等。

(6)示范和辐射功能

通过发展"三高一新"(高投入、高产出、高技术、机制创新)农业,一方面,展示农业高新技术成果,辐射周边农区农业,带动区域性农业发展。另一方面,依托大城市科技、信息、经济和社会力量的辐射,成为现代高效农业的示范基地和展示窗口,进而带动持续高效农业乃至农业现代化发展的示范功能。其形式如承担技术集成示范应用的农业高新产业园区、育种繁种基地、智慧农业应用示范等。

我国都市农业载体更多是集多种功能于一体,呈现不同的形式。如:沈阳打造体现稻田文化的"沈北稻梦空间园",由稻田画观赏区、休闲体验区两区组成,以自然生态为理念,打造原始耕种与鸭蟹立体养殖共作的生态稻田;以锡伯文化为传承,展现悠久璀璨的农耕历史;以稻米文化为创新,绘制震撼人心的世界最大稻田画;以科普农耕文化知识为媒介,建立全国最大中小学生教育科普基地。其经营模式,以科普教育为主,引入多个农业项目,其营收除门票之外,还通过出售租赁费以及过管理和品牌输出等形式实现营收。"前小桔创意农场"是上海市首个以柑橘为主题的创意体验农场,也是典型单品产业化的都市农业,坐落于上海青草沙畔长兴郊野公园西入口处,拥有优良的水土条件和生态环境,占地 360 亩①。前小桔创意农场定位——"真好吃,真好看,真好玩"。该农场借鉴国内外柑橘种植生产种植经验,建立柑橘种植科技样板段,引进新品种,开发衍生产品,打造上海柑橘品牌。重视柑橘深加工,开发如"柑普茶"系列、柑橘饮品系列、柑橘休闲食品,打造柑橘主题美食餐饮"橘宴"。同时,该农场还围绕儿童打造的乐园、配合采摘、农事体验、亲子教育等项目;其经营模式:以橘子单品切入采摘、加工、销售为一体项目,同时还嫁接美食餐饮和亲子教育等项目,延伸产业链。未来,我国都市农业将从仅为城市提供农副产品的传统生产性业态,跃升为深度融合加工物流、休闲旅游、文化传承、艺术创意等多种产业的高级业态。

2.3　都市农业气象服务需求分析

我国都市农业气象服务要针对农业的"生产、生活、生态"的功能属性展开,与传统的大田作物和特色作物农业气象服务不同,它体现更多服务场景,如同一天气过程对不同作物影响不一样,有时需要考虑服务贯穿一二三产业全过程;同时,它更多要求服务的精细化和精准性,因为服务面积小但效益高,如有些作物种植的需要综合考虑产前、产中、产后的服务需求。根据气象服务现状与需求,按照都市农业气象服务功能性,本节将从三个方面阐述都市农业气象服务的对象、思路与重点。

(1)都市农业中"生产"功能的气象服务

服务对象:都市农业农产品生产过程的农业气象服务。农产品生产主要包括作物种植和动物养殖,这里指的是作物种植。目前,都市农业一般定位于发展绿色农业、品牌农业,更多是通过提高品质要效益。

---

①　1 亩＝1/15 hm²。

服务思路：一是以高产稳产为目标的全生育期农业气象服务,重点开展防灾减灾和关键发育期精细化农业气象服务,以及农事活动气象服务;二是以产品品质和效益为目标的全产业链农业气象服务,重点开展优质产品生产、省工节支相关的气象保障服务。

服务重点：城市周边优势特色农作物种植气象服务关键技术研究与业务应用。这里指的优势特色作物主要是有地理标志认证、当地品牌、特殊风味等作物;有时要体现产前、产中、产后全产业链和一二三产业融合的气象保障服务。

(2)都市农业中"生活"功能的气象服务

服务对象：休闲体验农业的气象保障服务。主要针对休闲体验农业的农业气象技术支持,制作发布休闲农业种植与管理活动相关的气象影响预报与评估服务。

服务思路：一是以都市农业休闲体验为目标的活动保障农业气象服务,重点开展发育期预报、活动期天气预测预警的气象保障服务;二是以提供配套技术为目标的都市农业气象技术服务,重点开展休闲体验农作物种植气象服务技术研发与应用。

服务重点：一是城市周边大宗农作物播种、返青、开花、成熟、收获等发育期开展观光体验活动的气象保障服务;二是城市小菜园、教育农园、阳台农业、屋顶花园、展会农业、创意农业、观光农园等都市农业类型配套技术应用研究与服务。

(3)都市农业中"生态"功能的气象服务

服务对象：都市农业中服务于城市生态过程的农业气象服务。包括开花植物物候期预报、生态作物种植、农业作物生长过程生态功能评估等农业气象服务。

服务思路：一是以评估对人与自然影响为目标的作物生长期监测预测农业气象服务,为人们与自然融合发展服务;二是以生态治理为目标的农作物种植影响气象评估。

服务重点：果树开花期监测与预报及影响预警,尤其是城市标志性植物开花期气象服务,包括观花赏花精细化气象预报服务、花粉过敏等植源性污染气象服务等;生态作物种植及生态旅游观光的农业气象服务保障技术。

由于都市农业服务更加多样化,要求更加精细化,而我国城市化发展迅速以及区域广、气候差异大,种养殖业和植物呈现多样性和时空变化,在实际服务中,应该根据上述需求分析,结合本地特色,突出重点来开展都市农业气象服务,创建特色服务品牌,提升服务精准度和水平。

第3章

生产型都市农业的气象保障技术

3.1 服务模式

都市农业气象服务的主要特征就是聚焦生产过程全链条,体现精细化与专业化,并将气象服务打通农业生产相关的各个环节,实现服务的价值增量,并形成体现地方主栽作物和气候特色的服务品牌,其气象服务通常要贯穿农业生产的产前、产中和产后三个环节,要跟踪农业生产气象灾害的灾前、灾中和灾后三个阶段,而且要从农业生产的第一产业向第二产业和第三产业进行延伸。

(1)气象服务贯穿产前-产中-产后

都市农业气象服务全面跟踪农业生产的产前、产中和产后阶段,建立面向名优特农产品的全链条气象服务。以"天津小站稻"气象服务为例,创立小站稻专属气象服务品牌——"天知稻"。产前,开通线上农保算,开展小站稻种植年景预测,提供可能出现的气象灾害及水稻年景,方便种植户了解风险并选择农业保险;同时与人保公司研发推出全国首例水稻品质气象保险。产中,应用农业物联网调控技术,开展水稻关键生育期精细化气象服务及苗期环境调控,降低小站稻生产灾害风险和管理成本;针对农事活动需求,全程开展精细化的农事活动气象服务保障,如:基于数值预报和病虫害预报模型滚动发布气象灾害预警和病虫害致灾气象条件预警、插秧期气象条件滚动预报、无人机病虫害防治气象条件预报、收获期机收作业天气保障服务等。产后,持续推进水稻气候品质评估溯源工作,作为品质保险理赔和优质稻米评估的重要依据,实现品质不足保险兜底,品质达标品牌增效的风险对冲方案。

(2)气象服务跟踪灾前-灾中-灾后

防灾减灾始终是农业气象服务的第一要务。对于都市农业气象服务而言,防灾减灾需要将服务技术贯穿于整个灾害发生过程中,其中就包括灾前的风险预警、灾中的跟踪服务以及灾后的定量评估。以"天津小站稻"生产全过程气象服务为例,气象部门联合保险公司开展服务探索,将农业气象的服务技术和理念,融入保险公司理赔的灾前、灾中、灾后整个过程。其中,在灾前,气象部门联合保险公司推出气象保险产品,通过保险产品兜底生产成本;在灾中,气象部门通过农业气象灾害预警、全生育期气候溯源等靶向服务减少灾害损失;在灾后,气象部门开展农产品气候品质评价溯源等服务,达到品牌服务增效的目的。

（3）气象服务延伸一产-二产-三产

都市农业的特征除了生产供给功能外,高新技术示范推广、满足都市生态生活需求更是其主要功能。我国的都市农业气象服务水平不断提高,服务指标不断完善,随着服务领域的逐步扩大,已经将服务延伸到农产品生产加工等环节。随着都市农业气象服务的不断延伸,农业气象服务已由服务农业生产为主的第一产业逐步扩展至以农产品加工为主的第二产业,以及以农业辅助性活动和农产品运输为主的第三产业。

3.2　应用技术

3.2.1　综合监测预报技术

针对都市农业种植作物种类多、茬口和环境复杂等情况,以及精细化管理服务需要,其环境气象要素的监测要体现"配置灵活、实时在线、数算一体"等智能化特点,并与数据分析、预报预警和专业服务融合开发。随着智能感知、5G通讯、人工智能等技术的快速发展与应用,新一代综合监测预报产品大多基于云计算与智能终端而开发的系统采用硬软件一体化研制,从而实现都市农业多场景的智慧服务需求。

相比传统的农业气象观测预报,都市农业气象的综合监测预报应满足以下需求。一是帮助农民更好地预测气象灾害事件。农业气象综合预报可以提供气象灾害事件预测和预警服务,例如干旱、暴雨、洪水等,使农民能够及时采取措施减轻气象灾害事件对作物的影响。二是改善作物品质和产量。农业气象监测可以提供有关气象参数、作物生长和土地状况的信息,使农民能够更好地了解作物生长情况并采取相应的措施,例如灌溉、施肥、农药等,以改善作物品质和产量。三是优化农业管理。农业气象监测可以提供有关土地利用、土地覆盖、作物生长等的信息,使农民能够更好地规划和优化农业管理,例如,选择合适的种植时间、作物品种、种植密度等。四是降低风险和损失。农业气象监测预报可以提供气象风险预测和预警服务，使农民能够及时采取措施降低损失，例如在根据预报降雨期间提前采摘果实以避免连阴雨和渍涝等。五是提高农民收入。通过提高农作物品质和产量、优化农业管理和降低风险和损失，农业气象监测可以帮助农民提高收入。

目前，市场上应用到的气象监测手段主要包括以下方式。一是农田小气候观测站(图3.1)，使用自动气象站观测温度、降雨、风速和湿度等气象数据，以及其他环境特征数据，例如土壤温度、土壤水分等来监测农业气象要素的变化，这些数据可用于确定种植时间和作物品种选择等决策。二是遥感监测。用遥感卫星或无人机等技术来获取农业气象信息，例如，作物生长情况、覆盖面积、干旱情况等。这些数据可以用于农作物的监测和评估，并做出管理决策。例如，如果一块农田覆盖率较低，可以考虑增加施肥量或改善土地质量。这些设备可以连通到云端，利用云计算技术来分析数据和提供预测服务，以便农民能够更好地管理作物。随着大数据、云计算以及智能感知等技术与装备的快速发展，都市农业气象监测设备正向智能感知、小型化、精细化等方向发展，并逐步监测即服务的实践需要。

2005年	2008年	2010年	2016年	2018年	2018年	2019年	2022年
自动记录	自动传输	综合显示	移动组网	便携式	袖珍型	蓝牙型	智能型

图 3.1　农田小气候观测站发展历程

本书作者及团队一直在致力于都市农业气象观测技术的研发，不断更新迭代农业气象观测设备，以适应都市农业生产对气象服务的需求。

都市农业的气象观测，应该走与传统农业气象观测不同的路子。因为都市农业生产的场景众多，传统的大而全的农业气象观测设备和体系不适用于都市农业生产场景。因此，都市农业气象观测要大幅降低成本，发展适宜精度、提高密度，以获得复杂场景农业气象的全覆盖，实现"观测即服务"的理念，根据复杂场景的需求，引导用户按照"产品订购—场景定制—内容订阅"的思路，实现服务产品的"靶向"推送。

此外，要依托自动化、智能化的都市农业气象观测设备，实现农业气象观测的"社会化"，制定面向全社会的农业气象观测业务技术标准和规范，开发农业气象观测便携式设备和移动端应用程序，依托气象协理员、农业部门技术人员、农业生产大户等，探索建立农业气象社会化观测机制，并开展农业气象社会化观测资料在业务服务中的应用，使之成为都市农业气象观测的重要补充。

3.2.2　物联网调控技术

在都市农业中,温室作物种植是主要的生产方式,尤其是蔬菜反季节种植更是如此。为了做到精细化种植,减少管理成本,提高管理效益,目前均大量运用农业物联网技术,其中,包括温室小气候环境调控技术。这里以一种基于物联网的日光温室智能加温技术为例进行介绍。

据统计,在冬春季我国设施蔬菜中有近40％的蔬菜是由日光温室提供。日光温室具有节能且可越冬种植作物,近年来,在我国"三北地区"(东北、西北、华北)应用于蔬菜种植发展迅速,是农民增收的重要手段。但日光温室普遍受极端低温和寡照天气的影响,易造成冷害、病害发生危害等,严重的会绝收,尤其种植喜温果菜时更容易发生灾害。近年来,利用物联网技术开展日光温室小气候智能监测与调控是解决这一难题的实用技术。要实现日光温室小气候环境调控的目的,首先要掌握温室栽培作物不同发育阶段对各个环境因子的要求;其次,要掌握生产设施环境因子的分布规律以及环境调节方法。而环境调控和栽培管理技术的关键也就是使各个环境因子尽量满足某种作物在某一生育阶段对最佳环境的要求,最终确保作物健康快速生长,实现高产、优质和高效。实际上,可以通过物联网技术集成应用实现温光等环境监测与调控。多年实践表明,物联网技术应用于日光温室生产园区最主要的形式是在生产过程管理某一个或多个环节使用该项技术,应用较普遍的是生产环境实时监测与智能调控,包括温室环境自动监测、灾害报警、智能卷帘、加温与补光、水肥一体化调控等功能,实现智能化监控、人工辅助管理温室的目的,有效解决现代农业园区大面积的环境监控,提高生产管理自动化和精细化水平,并对出现的灾害及时预警,有效减少灾害损失,提高生产效益(黎贞发 等,2013,2016)。其技术路线及方法要点如下。

(1)技术路线

当监测到日光温室发生低温时,首先通过手机短信等手段向种植户发布警报,以便能及时采取减灾措施;同时,通过远程智能控制方式操控加温设备实现增温。其设计原理:当日光温室发生超过设定的作物受害低温阈值时,应用平台通过手机短信方式触发智能开发,启动加温设备,从而防止作物遭受低温灾害(宫志宏 等,2017)。其技术流程如图3.2所示。

(2)技术要点

日光温室智能电加温系统组成及性能特点:该系统一般由数据采集模块(空气温度传感器、数据采集器、通讯模块)、控制器、执行设备(加温装置)和远程控制模块组成。系统通过采集温室内空气温度,并根据作物生长需求进行智能控制,自动开启/关闭指定的温度调节设备,且用户也可通过互联网随时了解温室的环境信息及完成远程控制;电加温包括电热风机、地热线、碳纤维增温等多种方式,自动控制模式包括采集要素控制模式、定时控制模式以及混合控制模式。系统的框架结构如图 3.3 所示。

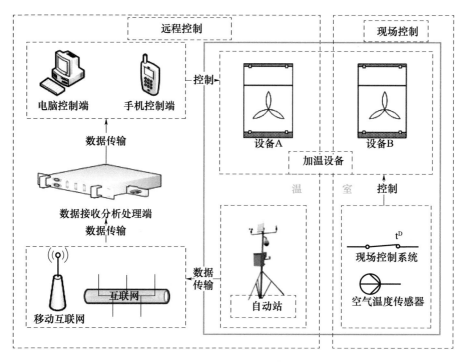

图 3.2　日光温室智能加温技术流程图

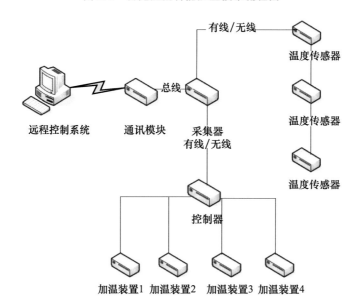

图 3.3　日光温室智能电加温系统框架结构

（3）主要设备及技术要求

① 空气温度。在单个日光温室内，一般要求安装空气温度传感器不少于 2 个，互为参照以保证数据的准确性和温度调控的可靠性。传感器主要性能指标如表 3.1 所示。

表 3.1　空气温度传感器主要性能指标

测量范围/℃	分辨力/℃	准确度/℃	平均时间/min	采样批次/（次/min）
−10～50	0.1	±0.5	1	6

传感器放置位置包括垂直分布和水平分布两种方式，对于垂直分布，传感器的安装位置一般按表 3.2 所示，也可根据所栽培的作物高度变化而调整。如果是水平分布一般是日光温室中心位置设置 1 个，中心至两侧墙体二分之一处设置 1 个传感器。

表 3.2　空气温度传感器垂直分布情况

仪器	数量（个）	安装高度/cm	允许误差/cm	基准部位
空气温度传感器	2	150	±5	感应部位中心
		50（或根据作物高度确定）	±5	感应部位中心

② 数据采集器。采集器采样时钟误差每月不超过 15 s；本地存储 3 个月以上的观测数据；具有无线数据传输功能，同时可以连接有线设备。采集器的电源采用 AC-DC 电源，输入电压范围为 100～240 V，后备电池容量可连续工作 7 d。

③ 控制器。控制器可通过两种方式进行设置，包括现场总线与电脑接连进行设置和远程终端控制软件进行远程操控。通过现场总线接口连接主采集器方式具有在线升级程序的调试接口，具有自动和手动模式切换的功能，具有监测执行机构的功能，形成闭环控制，具有指示灯面板，标识控制器各种状态，具有急停功能。而远程控制系统包括站点管理功能、参数设置功能、查询功能、远程遥控功能和回复显示功能。

④ 加温装置。常用的电加热装置有工业热风机、导热油炉、石英加热板、加热棒、碳纤维地热线等。加温设备安装数量与功率应该充分考虑温室的容积与保温性能、作物的适温范围等因素综合考虑。主要性能指标包括：功率分布为 15 kW/130 m²；供电电压为 380 VAC 50 Hz；控制信号为 220 VAC 50 Hz。

通过利用日光温室智能调控技术，首先可提高冬季生产高附加值果菜的抗风险能力，保障作物在极端天气条件下的生产安全；其次通过调控技术，可减少务农人员数量，降低人员费用。其适合在华北、东北及西北等以日光温室生产喜温的果菜及其他经济作物的地区推广，以及针对利用日光温室进行冬季或早春育苗温室使用。

3.2.3　日光温室保温性与气候资源评估技术

为满足冬春季蔬菜供应以及新鲜地产果蔬需求,在北方城市周边大量发展日光温室,多年来各地多以温室维护结构和材料来划分类型,分类方式多种多样。按照覆盖材料可分为玻璃温室、PC板温室和薄膜温室等;按照温室构型可分为单体温室(单拱棚温室、单坡面温室、双坡面温室等)和连栋温室;按照温室主体结构材料可分为金属结构温室和非金属结构温室等。而在设施农业生产中,又将目前生产应用上的日光温室划分为"普通日光温室""第一代节能型日光温室""第二代节能型日光温室"和"第三代节能型日光温室"。李清明等(2018年)指出,山东地区日光温室随着跨度、高度增加,结构材料改良以及内部设备优化,命名分类方式采用"代"来进行标注,如"第二代日光温室""第三代日光温室","五代"之后根据不同地区温室改造特点改用年代进行标注和分类。可以看出,上述分类命名方式虽然可以直观表明相关日光温室构型、材料及当前优化水平,但也很难实现日光温室的合理分类,主要表现在:同一构型温室因生产地域不同,温室所能提供作物的生长环境各不相同;同一地域因温室建设类型不同或结构相同而保温材料差异,其温室内的小气候环境也存在较大差异;在生产上难以开展规模化作物种植与管理。另外,通过总结单一类型温室的技术成果难以推广至其他构型温室或其他地域,限制了技术方法的通用性。因此,基于温室内气候资源水平进行日光温室分类对于设施农业生产及建立普适性温室内环境预报模型具有重要指导意义,同时对提高温室生产管理水平、合理温室空间布局也极为必要。围绕这一重大科学问题,广大气象工作者开展大量的试验研究,针对日光温室保温性和气候资源利用取得一批技术成果并在实际中产生了较好的应用效益。

关于日光温室保温性评估技术研究成果方面,天津市气候中心都市农业气象服务技术研究团队总结多年实践经验,2012年提出了对日光温室进行"气候学分类"的新思路,即不管其维护结构如何,只要其温室的温度指标大体一致就可以分为一类,从而为设施农业小气候监测网络构建、温室作物栽培管理、温室设计与分类等找到了科学依据,并被农业部门和种植专业户所接受。在此基础上,研究团队研究提出了基于典型温室观测数据、基于回归与神经网络模型、基于热量传导与气温保证率等3种方法进行科学分类,为日光温室决策管理和气象服务提供新的理论支持。

第一种方法是基于热量传导方程与气温保证率进行温室分类技术,其原理是利用热量传导方程与气温保证率,估算温室保温能力,进而实现温室小气候学分类;以温室内所能维持保证率大于80%最低气温(室内为A,温室外为B_{min},室内外温差为ΔT):

$$A = B_{min} + \Delta T \tag{3.1}$$

式中,温室外 B_{min} 为冬季室外最低气温保证率为 80% 的气温,室内外温差 ΔT 用温差方程进行计算:

$$\Delta T = \gamma_c + \gamma_T \times T + \gamma_w \times W + \gamma_{RH} \times RH \tag{3.2}$$

式中,T 为日光温室室外气温(℃)、W 为日光温室室外风速(m·s^{-1})、RH 为日光温室室外相对湿度、γ_c 为温室保温常数、γ_T 为温度系数、γ_w 为风速系数、γ_{RH} 为湿度系数。

第二种方法是基于回归与神经网络模型进行温室分类,即利用已有观测数据,基于回归模型与神经网络模型进行温室小气候学分类。具体技术流程是利用回归模型与多种神经网络模型,以室外历史观测数据为基础,模拟不同温室、不同年份温室内气温,再根据滑动最低气温的平均值结合不同类型蔬菜对气温的需求进行分类,其分类结果为:耐寒蔬菜生产温室、叶菜生产温室、耐低温果菜生产温室、喜温果菜生产温室共 4 个大类。

第三种方法是基于典型温室观测数据进行分类,即在温室生产聚集区选定代表温室,以实际观测数据为基础利用聚类分析、判别分析进行温室分类。作者根据天津市多个蔬菜种植园区日光温室 6～10 a 典型温室的观测数据,利用聚类与判别分析将已经观测的 11 个典型温室分为 4 个大类,温度由低到高分别为:耐寒蔬菜生产温室、叶菜生产温室、耐低温果菜生产温室、喜温果菜生产温室。

关于日光温室气资源评估方面。科技人员在基于实时观测数据与模型技术的基础上,探索了以温室热量资源与适应度评价为指标的评价方法,取得较好的研究成果。王萍等(2021)利用温室内外的观测数据,建立温室内温度预测模型,模拟了 1961—2020 年温室内温度;对黄秉维光合生产潜力估算模型进行修订,建立了日光温室内的光合和光温生产潜力模型,计算了黑龙江省不同区域日光温室的气候生产潜力并分析其分布规律。结果表明:研究时间段内,地处黑龙江中西部的林甸县和地处黑龙江东北部的友谊县的天气类型每月晴天居多,建立的代表站点典型日光温室平均气温预测模型,均通过信度检验($P \leqslant 0.05$);1961—2020 年日光温室生产季节光合生产潜力和光温生产潜力时空分布规律基本一致,均是由黑龙江省东北部向西南部逐渐增大,且逐年减小,5 月最高,12 月最低;光合生产潜力最小值出现在 2015 年,最大值出现在 2020 年,光温生产潜力最小值出现在 1995 年,最大值出现在 2020 年。乐章燕等(2018)采用华北地区 102 个农业气象站 1980—2010 年的气候资料,运用气候倾向率和反距离权重法,分析了设施农业生长季(当年 10 月至次年 5 月)和冬季的气温、光照分布状况及时空变化特征。结果表明:华北设施农业区气温呈南高北低分布,整体呈上升的趋势;日极端最低气温 $\leqslant -20$ ℃ 和 $\leqslant -15$ ℃ 的天数 76% 以上出现在冬季,且呈减少趋势,其中,山西省南部、河北省中南部日极端最低气温 > -20 ℃;光照资源分布为北多南少,呈减少趋势。日照时数 < 3 h 的天数以及连续 3 d 逐日日照时数 $\leqslant 3$ h 的过程整体呈增加趋势,主要集中在山西省南部和河北省南部。

3.2.4　温室小气候要素及其影响预报应用技术

根据天气预报,当预计未来温室内最低气温可能达到蔬菜受害指标时,需要发布低温灾害影响预报信息,通常低温灾害预报需用到温室最低气温预报模型。温室最低气温预报模型建模原则:一是数据(气象预报数据、实时观测数据)便于获取;二是预报模型不依赖于小气候观测结果,便于推广,短期观测即可满足建模需求;三是可业务应用(运算简单、便于升级),一般可分为要素预报和影响预报两类。

关于温室小气候要素预报方面,预报模拟模型有多元回归模型、主成分分析、神经网络、随机森林、机器学习等方法。黎贞发等(2011)采用回归模型建模时,针对全生育期日光温室室内最低气温单一预报模拟精度不高问题,提出了分月、分天气类型建立日光温室气象要素预报模型的思路,温度预报精度平均提高超过30%,较好地解决了日光温室气象条件预报与灾害预警问题;考虑到已有模型多为室内与室外气温单因子模型,缺少对天空状况、风速等其他室外气象因子的考虑,为此提出了基于室外气温、总云量、风速及室内前一日小气候要素的主成分回归模型,整个冬季平均相对误差10%左右,适用于季度预报的需要(李宁 等,2013);因传统预报模型多基于线性假设,其预报精度仍有提升空间,因此采用对线性与非线性关系均有较强逼近能力的BP神经网络算法改进预报模型。以2012—2013冬季日光温室生产季的温室观测数据进行验证,结果表明:绝对误差小于2 ℃的预报准确率可达到78%以上,绝对误差小于3 ℃的预报准确率可达到96%以上,可为温室低温预警服务提供支持。模型构建中充分考虑气象台天气预报结果,在精简预报输入量的同时,保证模型预报精度不低于现有模型,使预报天数延长至一周,为低温预报预警工作提供了有益参考(刘淑梅 等,2015)。神经网络具有机器学习能力,是实现设施预报的智能化的有力手段之一,但BP神经网络建模过程中需要不断调整参数,因此进一步对比分析了BP(Back Propagation,反向传播)、RBF(Radial Basis Functions,径向基本函数)、GRNN(General Regression Neural Network,广义回归神经网络)3种神经网络及多元曲线拟合模型的预报效果,作者还以GRNN神经模型进行温室低温预报(薛庆禹 等,2015)。在数据采集设备成本持续下降,数据传输、收集难度不断降低的背景下,具有机器学习能力的神经网络模型具有相当大应用前景,尤其在预测预报技术与大数据快速融合的大趋势下。所使用的4种算法中有3种为神经网络模型,虽然多元曲线模型也可以获得较理想的预报精度,但实际应用中存在参数求解困难、模型无法统一等问题。因此,具有机器学习能力的神经网络模型在有一定数据积累的地区推广应用具有一定优势。通过对3种神经网络模型比较认为:GRNN神经网络在不同条件下(这里的不同条件是指"砖围护结构"温室与"土维护结构"温室)预报效果表现良好,且建模简单,既不必像BP神经网络那样不断地调试模型训练参数,且其稳定性也略优于 RBF 神经网络。因此,使用对线性与非线性关系均具有较强逼近能力的 GRNN 神经网络构建日光温室低温预报模型较一般统计方法更具优势。近年来,随着机器学习技术的快速发展,基于大数据及机器学习的方法得到了大量应用,值得进一步研究与应用。

关于温室小气候影响预报方面,黎贞发等(2016)以黄瓜、番茄为例,通过试验分析,提出了选取低温、寡照强度和持续时间作为温室灾害预警的指标,并提出了基于规则的预警模型,以番茄苗期为例,通过试验研究得到了不同温度条件下持续低温日数的受灾程度,见表3.3。

表3.3　番茄低温灾害等级表

平均最低气温/℃	低温持续天数/d											
	1	2	3	4	5	6	7	8	9	10	11	12
	灾害等级											
10	无灾	无灾	轻度	轻度	中度	中度	中度	中度	中度	重度	重度	重度
9	无灾	无灾	轻度	轻度	中度	中度	中度	中度	重度	重度	重度	重度
8	无灾	轻度	轻度	中度	中度	中度	重度	重度	重度	重度	重度	重度
7	无灾	轻度	轻度	中度	中度	重度	重度	重度	重度	重度	重度	重度
6	轻度	轻度	中度	中度	重度	重度	重度	重度	重度	重度	重度	重度
5	轻度	轻度	中度	中度	重度	重度	重度	重度	重度	重度	重度	死亡
4	轻度	中度	中度	重度	重度	重度	重度	重度	死亡	死亡	死亡	死亡
3	中度	中度	重度	重度	重度	重度	重度	死亡	死亡	死亡	死亡	死亡
2	中度	重度	重度	重度	重度	重度	死亡	死亡	死亡	死亡	死亡	死亡
1	重度	重度	重度	重度	重度	死亡	死亡	死亡	死亡	死亡	死亡	死亡
0	重度	重度	重度	重度	死亡	死亡	死亡	死亡	死亡	死亡	死亡	死亡
−1	重度	重度	死亡	死亡	死亡	死亡	死亡	死亡	死亡	死亡	死亡	死亡
−2	重度	死亡	死亡	死亡	死亡	死亡	死亡	死亡	死亡	死亡	死亡	死亡

注:表中温度为任意连续5 h的温室内平均最低气温。

根据不同低温灾害对设施果蔬的影响特征,建立了四种级别的气象灾害指标以及相应的形态表征,为灾害影响业务化提供了技术支持。常见设施果菜不同低温灾害等级灾害影响下的作物表征见表3.4。

表3.4　设施果菜不同低温灾害等级下的灾害影响作物表征

灾害等级	等级值	灾害特征
轻	1	生态级别损伤——叶片卷曲,光合速率降低,幼果生长缓慢;但对成熟果实基本无影响,影响果实大小或产品品质

灾害等级	等级值	灾害特征
中	2	生理级别损伤——功能叶片出现斑点、水渍状等机械损伤,光合停滞,无法生长,幼果出现脱落,成熟果出现畸形,影响果实大小或产品产量
重	3	生命级别损伤——幼叶死亡脱落,成熟叶片大面积出现机械损伤,光合停止,成熟果普遍畸形并脱落,灾害损失不可恢复,植株出现死亡现象

基于以上影响等级划分及科学试验,得到常见温室果菜不同低温灾害预警指标(表 3.5),并开展日光温室低温影响预报与预警服务,与要素预报相比其更有实用价值。

表 3.5　温室果菜不同阶段低温灾害预警指标(T_{min},℃)

灾害等级值	番茄		黄瓜		芹菜	
	苗期	花果期	苗期	花果期	苗期	叶丛期
0	$T_{min}>15$	$T_{min}>17$	$T_{min}>14$	$T_{min}>12$	$T_{min}>8$	$T_{min}>12$
1	$8<T_{min}\leqslant15$	$8<T_{min}\leqslant17$	$10<T_{min}\leqslant14$	$9<T_{min}\leqslant12$	$3<T_{min}\leqslant8$	$5<T_{min}\leqslant12$
2	$6<T_{min}\leqslant8$	$4<T_{min}\leqslant8$	$8<T_{min}\leqslant10$	$6<T_{min}\leqslant9$	$-1<T_{min}\leqslant3$	$-1<T_{min}\leqslant5$
3	$T_{min}\leqslant6$	$T_{min}\leqslant4$	$T_{min}\leqslant8$	$T_{min}\leqslant6$	$T_{min}\leqslant-1$	$T_{min}\leqslant-1$

3.2.5　设施园艺作物模型应用技术

作物模型以温、光、土壤、水等环境条件为驱动变量,运用计算机技术和物理数学方法,对作物的生长、发育和产量形成过程进行定量描述与预测,是一种面向作物生长发育过程、机理性强的数值模拟模型。统计截至 2020 年 8 月的 Web of Science 数据库中与作物模型相关的期刊文章发表量得出,1960—1990 年文章发表量占 8%,1991—2000 年文章发表量占 12%,2001—2010 年文章发表量占 24%,2011—2020 年文章发表量占 56%。

关于园艺作物发育期模拟模型的研究中,主要有四类主流的发育期建模方法。第一种为温差法,有研究表示昼夜温差缩短了果实发育周期,果实尺寸减小,开花数和果实数也减少,但是基于累积温差对果实发育期的定量研究较少(毛丽萍 等,2012);第二种为生长度日法,有研究表示生长度日法作为一种更简便和实用的预测作物发育期的方法,数据获取便利,其中生长度日法包括有效积温和活动积温两种方法(徐兴奎 等,2009);第三种为生理发育时间法,该方法综合考虑了光照和温度 2 个环境因子对作物发育的影响(王冀川 等,2008);第四种为辐热积法,该方法综合考虑了辐射和温度 2 个环境因子对作物发育的影响(李娟 等,2003;李永秀,2005)。关于作物发育期模拟模型比较的研究中,Wu 等(2017)分析了五种常用小麦模型(WO-FOST、CERES-Wheat、APSIM-Wheat、SPASS 和 WheatSM)的不同算法,比较了各模型的模拟精度。Asseng(2013)表示,多种生长发育模拟模型综合应用的模拟效果要优于单一模型的应用。吴玉洁等(2016)对比分析了 6 种积温模型和发育时间模型对作物发育期模拟效果的影响情况。张明达等(2013)采用生理发育时间法和生长度日法进行烤烟生育期模拟,并通过两种方法的对比。杨再强等(2007)采用辐热积法和有效积温法进行温室标准切花菊发育期模拟,并通过两种方法的对比。关于黄瓜采收次数模拟模型的研究中,国内外鲜有报道,黄瓜是无限生长型作物,在采收阶段内会经历多次采收,由于黄瓜季节性生产能力下降、光热资源利用率下降等因素影响而进行拉秧管理,此时,黄瓜采收次数对于合理利用人力物力和光热资源有重要的研究意义。

程陈等(2019)开展了日光温室黄瓜生长发育模拟模型研究,实现日光温室黄瓜生长发育动态模拟预测,可为日光温室黄瓜智慧生产管理提供技术支撑。研究依据黄瓜生长发育的光温反应特性,以"津优 35"为试验品种,利用 2 a 的 4 茬分期播种试验观测数据建立基于钟模型的温室黄瓜发育模拟模型。依据温室黄瓜叶片生长与关键气象因子(温度和辐射)的关系,以辐热积(TEP)为自变量构建了黄瓜叶面积指数(LAI)模拟模型;依据单位叶面积光合作用对叶面积指数和日长的二重积分,结合黄瓜不同器官的呼吸消耗,构建了黄瓜干重生产分配模拟模型,结合器官含水量,构建了黄瓜器官鲜重模拟模块,基于各子模块构建了温室黄瓜生长发育模拟模型,确定了模型品种参数并进行检验。结果表明:日光温室黄瓜移栽期—伸蔓期、移栽期—初花期、移栽期—采收初期和移栽期—拉秧期的模拟值与观测值的均方根误差(RMSE)在 3.9~10.5 d,归一化均方根标准误差(nRMSE)为 6.5%~28.6%,符合度指数(D)为 0.79~0.97,LAI 与 TEP 呈"S"形曲线变化关系,LAI 模拟值与实际观测值的 RMSE 为 0.19,nRMSE 为 17.2%,D 值为 0.90。根、茎、叶、花和果干重模拟值与实际观测值的 RMSE 为 0.39~8.94 g·m^{-2},nRMSE 在 10.9%~17.7%,D 值均为 0.98 以上。表明模型能够较准确地模拟黄瓜关键发育期、叶面积和各器官干鲜重,定量化日光温室黄瓜生长发育过程。

3.2.6　机器视觉和人工智能技术

目前,人工智能(AI)技术应用于各个领域,农业生产是 AI 应用的重要场景。人工智能在农业领域的研发及应用早已普及,其中包括在生产环节的耕作、播种和采摘等智能机器人,也有植保方面的智能探测土壤、探测病虫害、气象灾害预警等智能识别系统,更有利用导航系统全自动耕种等机械化作业等。都市农业种植生产作业的工况条件复杂,实现无人化作业难度较大。北美、西欧具备技术应用基础但需求不紧迫，日韩处于萌芽阶段，我国正逐步兴起。近期"无人农场"成为新一代未来农场的代名词，各类技术围绕"无人农场"展开，也就是人工智能在农业生产中的应用研发。

在人工智能的众多应用领域中，智能感知是重要的组成部分。智能感知系统包括了传感器、数据分析与建模、图谱技术和遥感技术等。智能传感技术在物联网环境体系中能根据目前农产品种植的特点，对不同作物的环境需求做出相应的感知，通过对其进行智能监测。智能感知系统能够根据多传感器所提供的多源同构或异构信息，经过智能信息处理，可以综合地认知环境和对象的类别与属性，以达到智能感知的目的，从而可按行为准则实现应有的行为决策。本节以机器视觉识别冬小麦叶片形态测量软件开发为例，介绍机器视觉在都市农业智能化生产管理中的应用技术思路。

叶片作为光合作用和蒸腾作用的主要器官，其面积形态与小麦生长发育、抗逆性及产量形成有着密切关系，尤其对小麦籽粒产量的形成具有较大影响，常作为生长发育、长势、遗传特性等生理生化反应过程的主要参考依据。叶面积系数、叶面积等代表植物植株叶片形态的参数被广泛应用于农业科研和生产服务，特别是在早已形成的农业气象观测与监测业务项目和农业气象情报服务中发挥着重要的基础性数据支撑作用。

目前，小麦叶面积测量主要采用面积系数法。然而，不同品种、不同生育期叶面积系数差异较大。因此，想要准确测量叶片面积，需根据品种、生育期通过测量叶面积和叶片长宽对面积系数进行校准。传统代表性的叶面积测量方法主要有坐标纸法和叶面积仪器测量法，坐标纸法临摹叶片大小，其精度较高，但效率低；叶面积仪法操作简便、但成本较高，对不同作物叶片的规格有限制，一般每次可测量一片叶片。近年来，随着智能拍照手机的普及，通过 RGB 数字图像识别方法分割提取目标成为一种比较流行的方法，例如，运用 AutoCAD、Photoshop 等第三方图像处理软件较为快捷地对获取的叶片图像进行描绘从而实现叶片特征的提取，或者相关科研人员自主开发叶片分割提取软件实现叶片属性提取，但多个叶片属性同时快速测量以及在获取照片过程中针对拍照角度不同导致的图像畸变进行校准等相关研究较少，而图像畸变往往会令识别结果产生不同程度偏差。基于此，设计了一套基于机器视觉冬小麦叶片形态测量算法，并开发了面向对象的 Windows 端软件，可自动进行数字图像畸变校准，并同时识别多个叶片长、宽和面积，期望为小麦叶片面积测量提供一种新的方法，同时减少常规方法由于品种、生育期变化需要进行校准面积系数而耗费的时间。

研究开发的 Windows 端小麦叶片形态识别软件可实现多个小麦叶片长、宽和面积同时测量。软件主界面由三部分组成：操作功能区、作物图像识别效果展示区、识别结果显示区（图 3.4）。

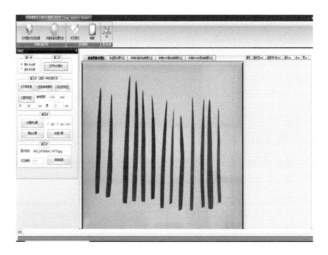

图 3.4　叶片形态识别软件主界面

　　软件使用流程如图 3.5 所示,第一步,确认识别为单个或多个小麦叶片(默认选中多叶片分析);第二步,打开需要识别的包含作物叶片的数字图片;第三步,根据实际情况进行数字图片畸变校准,并输入 Sbd 标定板面积、长或宽(长和宽只需输入一项,另一项通过面积除以长或宽获得),软件标定方式包括不做标定(假定无形变,数字照片拍摄范围即为 Sbd,不需要校准)、选取参考面积(假定无形变,手动截取矩形参考面积即为 Sbd)、四边形校准(有形变,通过四边形的 4 个顶点进行畸变校准,四边形面积即为 Sbd)和圆形校准(有形变,通过识别空心圆的 4 个圆心进行畸变校准,4 个圆心组成的矩形面积即为 Sbd);第四步,叶面积预处理和面积、长、宽计算;第五步,按照用户打开数字照片名称和输入的对应编号命名,将作物图像识别效果展示区中带有识别标记的图片和识别结果显示区中相关信息进行保存(以 txt 文本格式保存)。

　　该项研究突破了传统坐标纸法效率低、叶面积仪法成本较高且对叶片大小有限制的问题,摆脱了应用第三方图像软件描绘特征提取叶面积较为烦琐的过程。解决了用户获取叶片图像时由于相机镜头平面和标定板存在角度产生畸变导致的测量误差,针对小麦不同品种、生育期需要进行校准面积系数的问题量身定做了一套可一次拍照测量多个小麦叶片长、宽和面积的软件,当单次测量 10 片以上叶片时,叶片测量速度可达到 2 s·片$^{-1}$,具有较快的测量速度,初步实现了研究目标。已有叶片图像识别研究多为单独测量叶面积,该软件在此基础上增加了叶片长宽的同步测量,方便用户获取面积系数后实现田间大批量原位测量长宽获取叶面积的需求;在畸变校准方面,现有研究多为依托固定摄像镜头减少形变,通过标定校准较少,研究软件为了更具普适性,针对不同应用场景集成了不做标定、选取参考面积、四边形校准和圆形校准 4 种方法。目前软件已经在番茄、黄瓜、辣椒、葡萄叶片测量中获得广泛使用。由于研究算法在设计之初,考虑后续增加叶片病斑、非绿色叶片的形态识别,因此,采用通过 RGB 三基色颜色空间范围提取叶片区域,这与现有大多数研究直接通过二值化提取叶片有所不同。根据用户在番茄叶片测量试验的反馈,在实验室复杂光照环境拍摄偶尔会出现个别叶片无法完整识别现象,考虑为室内开启多种光源状态下受到光源色和环境色影响致使获取叶片固有色的色差发生较大变化,下一步将集成通过二值化提取叶片功能,方便用户在复杂光源环境切换使用。

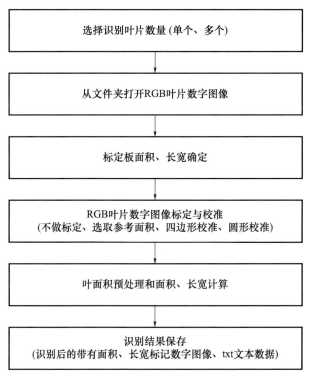

图 3.5　小麦叶片形态识别软件使用流程

目前研制的软件在 Windows10 操作系统下采用 VB. net 开发,兼容 Windows7,具有良好的代码重用性,所占资源消耗少,运行简便,易于使用,与常规的叶面积仪相比,在保证畸变校准精度较高的基础上,去除了硬件设备花销。但是基于 Windows 版本与基于 Android 手机版本相比,便携性有所下降,下一步将改进标定板,研发基于 Android 端具备通过摄像头动态校准标定板面积的作物叶片形态识别软件,方便用户在田间地头直接通过手机实时开展叶片形态测量工作。

此外,还在无人机平台上搭载不同型号相机,通过航测软件拼图获取地块级实际麦穗(图 3.6)。

图 3.6　地块级麦穗稻穗识别

开展了作物种类、面积、灾害识别(图 3.7)。

图 3.7　作物种类(a)、面积(b)及灾害(c)识别

基于近红外＋可见光开展 NDVI、植被覆盖度变化监测(图 3.8)。

图 3.8　植被覆盖度监测

开展无人机地面动物类型数量识别(图 3.9)。

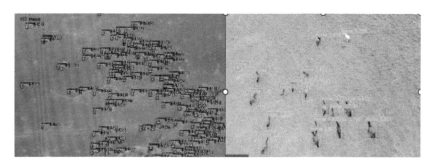

图 3.9　无人机地面动物数量级类型识别

3.2.7　无人机飞防气象服务技术

无人机飞防是指植保无人机低空喷洒农药这一项适应现代农业、现代植保需求的重要新型技术。利用无人机进行植保作业,与传统人工喷雾器相比,具有高效、节药、优质、安全、便利等优势。农用植保无人机操作简单、速度快、效率高、成本低、喷洒均匀、雾化效果好,并可实现信息化管理和规模化作业,不仅解决了农村劳动力不足问题,同时还可以从根本上杜绝高毒农药的使用,控制施药的浓度和用量,相对减少农药残留,实现科学、合理和安全使用农药。据测算,在传统植保作业中,使用人工手动背负式喷雾器承担防治病虫害的任务,平均一天一人只能喷洒 15~20 亩,而农用植保无人机每小时作业量可达 60~180 亩,作业效率是人工的 40~60 倍,可以节省 90% 的水和 20% 农药,农药有效利用率在 35% 以上。因此,在这种市场需求背景下,植保无人机飞防的规模迅速增加,成为近年来无人机产业十分重要的应用场景。

众所周知,任何航空器的飞行,场地和航线上的气象条件是无法忽视的必要因素。植保无人机在飞行中需要开展喷洒药液的作业,对气象条件提出了更为严苛的要求:一是什么样的气象条件适合无人机飞行,不利气象条件是否会对飞行安全和飞行效率造成影响;二是什么样的气象条件适宜开展无人机飞防作业,作业窗口期的不利气象条件是否会对药效等作业质量产生影响。所以,植保无人机飞防已成为一种新的"看天吃饭"的行业。研究人员通过对国内植保无人机飞防产业的需求分析,梳理飞防作业中气象服务存在的问题,总结无人机飞防的气象技术问题,并提出未来植保无人机飞防气象服务的建设发展思路,以期为我国植保无人机飞防的安全高效作业提供精准的专业气象服务。

气象环境条件是决定无人机飞防作业时间和影响飞防药液效果的重要因素。植保无人机飞防作为新兴行业,气象部门的服务处于刚起步阶段,关于飞防作业的各种气象指标和相关技术也在不断完善中,相关研究人员对其中的技术问题陆续开展了探索,取得了一些较为实用价值的结果。以下分别就飞防运行、飞防药效问题分类进行阐述。

无人机飞行与气象条件的关系:气象条件是无人机飞行中极其重要的客观因素。复杂的气象条件影响无人机的飞行效率,局地恶劣天气条件还会对无人机飞行安全造成威胁。随着无人机产业的发展,无人机在气象领域逐步得到应用,无人机飞行中的关键气象要素也逐步形成较为完整的指标体系。但是,在气象行业,对无人机的研究目前不多,多集中在利用无人机开展气象观测的领域。而对于无人机飞行的气象支持,以及各行业中无人机飞行作业的气象服务,相关的文献报道较为罕见。陈婷等(2018)开展了气象要素对多旋翼无人机飞行影响的研究,分别总结了低云、能见度、雷电、风、气温、气压和积冰等气象条件对无人机飞行的影响。屠先志(2019)提出,降水、风力、露、温度、光照、湿度等天气因素是影响植保无人机作业的首要环境因素。段玮(2020)、毛文军(2016)总结了无人机在低空气象观测、森林防火等气象服务中的应用情况。章文鑫等(2020)认为,无人机技术可以在航拍防灾减灾、新媒体、遥感、农业和低空探测等方面实现应用服务。王伟等(2019)开展了针对电力无人机飞行的气象环境适应性试验,从理论上分析风、降雨、高海拔及低温等因素对无人机巡检作业的影响,搭建了试验平台开展了无人机风、雨、海拔、低温等因素对无人机飞防性能影响的模拟试验,获取了典型尺寸和材质的无人机抗风飞行能力、抗雨飞行能力以及高海拔低温环境适应能力,提出了气象环境现场应用建议及防倾覆策略,研究成果为无人机的选型与现场作业气象环境条件的选择提供了参考。王新增等(2011)针对军用无人机,建立了风切变、雷暴、紊流等恶劣气象条件的分析模型,并通过综合威胁评估模型实现了对航迹优劣进行判断,为开展民用无人机精细化气象服务提供了技术研发思路。李玉华等(2020)从天气预报的业务角度对无人机飞行所需的关键气象要素开展预报服务,在技术上利用高度场分析、雷达实时探测资料等,对无人机飞行场地的气象条件实现了逐小时的预报,此项成果虽然在严格意义上来说仍属于短临天气预报的技术范畴,但其中重点关注了风、雨等无人机飞行的关键气象因素,预报技术和思路可作为未来无人机气象服务的重要参考。上述研究从飞行安全的角度对无人机飞防作业中应主要注意的气象要素进行了总结分析,为气象服务保障植保无人机安全飞行提出了服务的基本技术思路。

无人机飞防施药与气象条件的关系:植保无人机飞防作业的效果与气象条件关系非常密切。无人机飞防手段虽然提高了植保施药的工作效率,但相对于传统植保地面常规用药,无人机低空低量施药过程中,药液雾滴的物理和化学过程更为复杂。近年,随着无人机植保飞防产业的扩大,关于不同气象条件对飞防作业影响的研究逐步得到重视。林正平等(2019)提出,风对植保无人机作业效果影响最大,较高的气温会加速药液雾滴的蒸发,还会加剧地表的蒸腾作用,影响药液雾滴的沉积效果,光照、雨、露和相对湿度等因素也会对植保无人机的作业效果造成不同程度的影响。本节主要从风向、风速、气温、湿度和降水等主要方面,总结不同气象条件对无人机飞防作业的影响。

(1)风向、风速

风向、风速是影响植保无人机飞防作业最大的气象环境影响因素。如果环境风速过大,会对无人机的飞行时间和飞行安全有影响,作业期间不适宜风力也可能导致无人机巡线路径变化,但最主要的是可能导致药液不能完全喷洒到作业区域,甚至可能导致药液漂移到其他耕地或鱼塘等,产生药害。无人机飞手们还应注意风向的变化,禁止人员处于下风向,造成农药中毒。另外,局地的风切变也是对植保无人机安全飞行有很大的威胁。药液雾滴会随风飘移,下风向存在被污染的风险。作业人员禁止处于作业下风向,注意下风向是否有易受药害的作物、鱼塘等,避免产生飘移性药害。开展除草剂喷洒作业,必须在下风向对敏感作物需设置安全隔离区。普通作业应小于 3 级风,除草剂作业小于 2 级风,2 级以内的微风有利于药液雾滴的沉积,且飘移较少。

关于雾滴的飘移,是植保无人机飞防技术研究中最多也最为成熟的研究领域。对无人机旋翼流场下洗气流①的速度和侧向风对药液漂移的定量研究是植保无人机中的一项重要内容,为无人机的安全作业提供了定量化的理论支撑,也为无人机飞防的气象服务提出了业务需求。刘秀娟等(2005)在国内较早总结了农药雾滴漂移的机理和影响因素分析。随着多旋翼无人机在植保飞防中的广泛应用,以中国农业大学何雄奎(2020)团队为代表的研究机构围绕雾滴飘移的特征和机理开展了较多的研究。王潇楠等(2017)认为,侧风是雾滴飘移的主要影响因素,建议侧风风速在 0.65-5.5 m/s 时,飞防作业要预留至少 15 m 的缓冲区。2018 年以来,Yang 等(2018)、刘鑫(2019)、王昌陵等(2020)、曾爱军等(2020)、王志翀等(2020)利用风洞、CFD、仿真平台等不同技术和方法开展了更为深入的研究,对植保无人机的下洗气流、侧风产生的药液运动等关键技术开展了模拟,进一步完善了不同气象条件和不同作业参数下的作业安全缓冲区。这些研究成果,对建立无人机飞防气象服务指标,以及开展精细化的植保无人机飞防气象服务提供了重要的技术参考。

(2)气温

众多无人机的植保飞防操作指南中规定,0 ℃以下、35 ℃以上的环境条件禁止飞防作业,15～30 ℃是行业内公认的飞防作业气温。这是因为,植保无人机作业一般采用的是低容量喷雾法,雾滴粒径较小,气温的增加会导致药液的挥发,蒸发速度加快,不仅降低作业防治效果,还会造成农药随气流分散,污染空气,造成药害,有些农药在高温下还容易造成分解,影响药效。而低温会导致作业效果不佳,0 ℃以下也

---

① 下洗气流指飞机机翼产生升力时引发流经机翼的气流向下运动。

有可能产生药害。

另外,气温还会影响无人机的飞行效率。大部分植保无人机是靠聚合物锂电池作为驱动能源,而锂电池在寒冷天气(-10～-5 ℃)环境下,放电效率为常温状态时的80%。虽然大部分飞防作业集中在春夏秋季,但若在冬季开展无人机的植保飞防展示或无人机兼职时,过低的气温会造成无人机锂电池动力冗余度降低,从而减少飞行续航时间并影响飞机的抗风能力。

(3)湿度

空气湿度对无人机飞行的影响虽然不明显,但长时间在高湿环境下飞行的无人机会影响设备的性能和安全。药效对空气湿度的要求较为严格,湿度较低会导致药液雾滴的蒸发加快。所以在湿度较低的区域作业,应避免在夏季的高温低湿时段作业,以降低雾滴的蒸发。有试验表明,在25 ℃、25%相对湿度条件下,雾滴每下降75 cm,雾滴量会减少一半,所以一般不建议在40%以下空气相对湿度时开展飞防作业。相关技术在传统植保作业的气象技术研究中都有总结,此处不再赘述。

(4)降水

阴雨天不但不适合无人机的安全飞行,更不利于植保药液或叶面肥的喷洒。以农药为例,下雨会冲刷部分药液,影响药液的有效性,所以在传统的植保操作中,喷药作业都会避开降雨天气以保证药效。不同种类的农药,对雨水冲刷的有效性有所不同,一般认为喷药4～6 h内出现降水,对药效将有非常明显的影响,需要再进行补喷。另外,降水强度越大,对药液的冲刷越大,若用药后8 h内出现10 mm以上降水时,须重新减半喷药。所以,开展无人机飞防作业,合理选择适宜天气条件,是飞防作业气象服务的基本要求。

(5)其他要素

其他不利的气象要素也会影响植保无人机的飞行安全和作业效果。如:雾霾、沙尘等天气下,较差的能见度会影响飞手对无人机的控制;晴好天气的强辐射可能会导致一些种类的农药和肥料发生光化学降解,微生物活体农药也可能因为过多的紫外线辐射而发生失效。

综上而言,气象条件是无人机飞防作业的重要参考内容。无人机飞防作业前,飞防机构和飞机操控手必须要查看气象预报,对飞防作业进行规划,飞防现场也需要实时掌握作业点的天气实况,田间的温度、湿度、雨、露、光照和气流(水平气流和上升气流),对农药的运动、沉积、分布会产生很大影响,并最终表现为对防治效果的影响。

3.2.8 基于天气雷达的迁飞性害虫监测技术

植物保护在粮食安全战略中占用重要地位。粮食安全是国之根本。我国农作物常年发生的病虫草鼠害种类达1600余种,其中可造成严重危害的有100多种,每年我国病虫害的发生面积大约 65 亿亩次,因病虫害导致粮食损失 1400 万 t,减少粮食病虫害损失,对于我国实现"粮食产量保持在 1.3 万亿斤[①]以上"稳产增产的目标意义重大。所以,植物保护在农业生产中具有极端重要的位置,农业部门也高度重视植物保护的工作。我国每年通过有害生物的有效防控,挽回的粮食损失为 2000 亿斤左右,接近全部粮食产量的六分之一,也就是说,我国植保工作在粮食方面的贡献,相当于让我们拥有了 3 亿亩的隐形耕地。

异地迁飞性病虫害的防治是植物保护工作中无法解决的难点。目前,在植保体系中,本地病虫源的危害监测和防治工作已经取得了显著的效果,技术体系基本完备,全国专业化统防统治服务组织达 9.3 万个,三大粮食作物病虫害统防统治覆盖率达 41.9%。但是,在农业病虫防治工作中,最难监测、最难预测、最难防治的就是异地跨区域的病虫害。因为,对于这一类病虫害,病虫源地的植保部门若不能有效控制虫口基数,在当地遇到上升气流,虫源就会借助大气环流的动力开展远距离长途迁徙,而迁徙的方向、目的地,农业部门的技术手段是根本无法预测的。以近两年活跃频发的草地贪夜蛾为例,这是一种原产于美洲热带和亚热带地区,广泛分布于美洲大陆的严重虫害,随着国际贸易活动的日趋频繁,草地贪夜蛾现已入侵到撒哈拉以南的 44 个非洲国家,以及亚洲的印度、孟加拉国、斯里兰卡、缅甸等地,2019 年 1 月在我国云南发现以后,短短 5 个月就从云南蔓延到广西、广东、贵州、四川等 19 个省(区),该虫一路迁飞 3000 km,发生面积高达 1500 多万亩,玉米受害面积占比 98%,最终该虫最北迁飞到内蒙古地区,已经威胁到东北粮仓。所以,迁飞性害虫的"虫口夺粮"保卫战,一直是农业部门和植保行业的痛点。

迁飞性害虫的迁飞规律具有一定的科学依据可循。迁飞性害虫虽然不便于监测,但因为其需要借助上升气流起飞和大气环流远距离迁飞的特性,所以迁飞路径具有一定的规律性可循,植保中无法解决的问题可以从气象上进行"破局"。从大气环流背景上来说,我国地处典型的东亚季风气候区,为害虫跨区域迁飞提供了稳定的风温背景场。有关学者的系统研究表明,我国迁飞性害虫迁飞呈现季节性规律,并在国内发现了三条昆虫迁飞通道。①中南半岛—云南跨境通道:地处中南半岛的缅甸、越南、老挝等地,植物种类多样,是重要农业害虫的周年繁殖地,也是我国多种迁飞性害虫的主要虫源地,害虫每年从中南半岛进入云南,进而一路扩散到广西、广东等地,甚至向北进入黄河流域,几乎没有任何阻碍,是我国农业害虫最重要的迁飞通道之一。②海南通道:与云南通道类似,海南为热带季风气候,为热带农业提供了优良的环境,也是昆虫迁飞和繁殖的天然温床,是我国境内主要的虫源地之一,稻纵卷叶螟和稻飞虱等害虫每年随着高空气流深入到长江中下游、华北甚至东北地区。③渤海通道:春末夏初,随着华北平原和长江中下游的早稻和小麦的逐步收割,大批害虫

---

① 1 斤＝500 g。

通过渤海湾通道向东北地区迁移,东北地区三面环山、开口朝南的"马蹄形"地势结构,使平坦的渤海湾成为我国北方最重要的昆虫迁飞通道。

因此,渤海湾通道是开展昆虫远距离迁飞监测的理想地点,只要在该通道上设立有效的监测工具,一方面可以对我国迁飞性昆虫的群落结构、种群波动、物种关系、季节性迁飞规律,以及害虫暴发致灾的生物学和生态学机理进行深入分析,促进迁飞昆虫学的理论发展;另一方面,还可以建立害虫早期精准预警新体系,为实现"源头"治理提供必要的决策信息和情报支持,从根本上保障我国粮食安全。而阐明跨海迁飞昆虫的群落结构及其种群动态的波动规律,对于揭示虫害灾变机理、实现"源头"治理等具有重要的理论和现实意义。

天气雷达是监测迁飞性害虫的有效手段。天气雷达是专门用于大气探测的雷达,可以利用无线电波反射和多普勒效应等原理,探测气象要素、现象和目标的位置、强度、运动和特性。近年来,我国引进了双偏振雷达技术,使得天气雷达能够更好地反映降水系统的微物理特征信息,并提高定量降水估测和预报精度。另外,双偏振雷达还可以应用于生物识别领域,通过分析雷达回波信号中不同极化参数之间的关系,识别出不同种类和形态的生物目标,如鸟类、昆虫等,并且通过空中生物的运动高度、速度等雷达回波特征,实现对迁飞性害虫的种类、数量、方向、速度、高度等信息的实时监测,跟踪昆虫的飞行轨迹,确定昆虫的降落危害区域,再根据落区的气象条件对虫龄、卵龄等的积温计算,预测迁飞害虫的交尾、羽化时间等,可以为开展精准的植保防治提供科学依据。

挖掘业务存量,实现业务增量。从业务管理角度来说,天气雷达更多是汛期对空中云体进行识别,用以降水预报和灾害性天气的预警。但全年中,云雨天气以及灾害性天气的比重还是很小的,所以天气雷达在 7×24 的日常业务运转中,大部分时间都是处于"空转"状态。如果能够通过对天气雷达的闲时数据资源进行分析挖掘,形成对非雨时段空中生物的识别,进而开展植保行业的业务应用,则对天气雷达来说,具有重大的市场商业价值和业务意义。

因此,基于大气动力的迁飞预测、天气雷达的落区预报和积温算法的危害预警,为迁飞性害虫防治提供了较为科学、完整的技术路线,具有技术的可行性和生产的可操作性。基于大气环流和害虫起飞条件的关系研究,通过天气雷达的空中生物识别,利用我国成熟的雷达组网技术,可以客观量化地做迁飞性害虫路径与落区预报,有助于植保部门提前做好防范措施。例如,设置监测网点,部署诱杀设备,准备防治药剂,提高防治效率和效果。害虫降落后,有 $5 \sim 7$ d 的交尾期,而后幼虫啃食农作物,在本地形成危害,因此,这 $5 \sim 7$ d 是虫害消杀的重要"窗口期",而这一窗口期是与当地温湿条件有明显的相关关系。可以通过预报数据,推测虫龄和卵龄,指导农业植保部门和社会化防治组织及时调配防治资源,合理安排防治方案和作业时间,提高防治效率,降低防治成本。

3.2.9　二氧化碳施肥技术

日光温室生产中,黄瓜是冬春季主要的果菜品种,分为秋延后茬、早春茬和冬季一大茬等主要茬口。由于日光温室环境相对封闭,常因 CO_2 不足而影响植物光合作用,特别是寒冷季节保温与通风的矛盾突出,CO_2 亏缺成为影响黄瓜产量的因素之一。"日光温室冬春茬黄瓜栽培典型天气条件 CO_2 施用技术"以提高温室小气候资源利用率、增加设施农业投入产出比为指导思想,针对天津冬春季温室果菜生产中 CO_2 亏缺严重,易发生蔬菜早衰而影响产量的问题,应用 CO_2 增施技术,使冬春栽培的黄瓜增产提质。据研究,日光温室增施 CO_2,可以比正常管理的黄瓜增产 20%～25%,提高瓜条商品性,增强植株的抗病性和活力,延长采瓜期时间;不仅解决了冬春季温室黄瓜种植热量和 CO_2 浓度相互矛盾的难题,增加种植者经济效益。

（1）原理与方法

创造一个高效率的光合作用环境,使日光温室冬春季环境更有利于黄瓜生产,充分利用温室的热量、光照和水分资源,提高黄瓜产量、商品性,提前上市时间,延长有效采摘期,提高植株免疫力,减少农药使用量,解决了日光温室冬春季因密闭造成的 CO_2 严重亏缺,导致黄瓜干物质积累受阻、产量和品质受限的问题。其技术方法包括:

① 温室选择

选择保温性能好的二代及以上节能型日光温室,温室内冬季最低气温不低于 8 ℃,最好有短时加温补光条件,冬春茬黄瓜能正常生长;电动卷帘,薄膜通风换气通畅;地膜滴灌,水肥一体化管理,有电源和水源。棚膜要每年更换的无滴膜,经营者有生产管理技术。

② CO_2 发生器的选择安装

选用高温分解碳酸氢铵产生 CO_2 和 NH_3 的发生器(图 3.10),经过水过滤系统,除去 NH_3 后施放 CO_2 的仪器,产气量稳定可控。例如泽丰 CO_2 发生器等,请生产厂家安装调试。安装 CO_2 输气管:将发生器出口连接导气管,导气管通过温室顶部骨架达到整个温室,导管上间隔 0.5 m 留有一个直径 0.5 cm 的气孔,用以输出 CO_2,使温室内 CO_2 浓度均匀。

③ CO_2 浓度监测仪器安装

选择安装 CO_2 浓度监测仪,实时监测显示温室内 CO_2 浓度值,选择 HOBO MX1102 无线温湿度二氧化碳记录仪等,安装在温室平面正中心处,距离地面垂直距离 1.5 m 高度。

④ 茬口、品种及密度确定直接确定

研究表明,天津越冬一大茬和早春茬黄瓜盛果期增施 CO_2 效益显著。越冬一大茬黄瓜。10月上旬播种,11月上旬定植,翌年 6 月拉秧。密度 3300～3500 株·亩$^{-1}$。冬茬黄瓜要经历一年中最恶劣的气候条件,一般采用嫁接苗,砧木为黑南瓜子,接穗品种选择耐低温弱光、高产抗病的品种,例如"津优"系列、"波美"系列等品种。日常管理按照日光温室管理办法进行灌溉、施肥、整枝、揭帘、通风等操作。早春茬黄瓜,一般于12月中旬播种,1月中旬定植,6月拉秧。育苗期处于冬季,结瓜期处于春季和初夏季节,选用"津优"系列等品种。

图 3.10 二氧化碳发生器

(2)应用情况及效果

冬季一大茬黄瓜:增施时间段为移栽后至初果(11月上旬—12月中旬),黄瓜光合作用强度较弱,且土壤中有机物分解释放的 CO_2 量较大,此时外界温度较高,温室通风换气时间较长,室内 CO_2 浓度始终保持在较高的水平上,一般不需要补充 CO_2;阴天或阴雨(雪)天气不揭保温被,温室内的 CO_2 可维持在 800~1000 ppm[①] 以上,不需要加施 CO_2;黄瓜生长盛期(12月下旬—3月下旬),晴天黄瓜光合作用强度较大,中午温室内 CO_2 浓度会降得很低,最低降至 250 ppm 左右,应加施 CO_2;进入4月以后,外界气温升高,通风换气时间加长,温室内 CO_2 浓度亏缺矛盾缓解,增施 CO_2 效益降低,不需要再增施。增施时长:黄瓜生长盛期,12月下旬—3月下旬,晴天,在温室通风前增施 2.0 h,通风后增施 1.0~1.5 h。如果中午未通风换气,应从 10:00—15:30 持续增施。

早春茬黄瓜:增施时段及时长为黄瓜生长盛期(2月下旬—3月下旬),晴天,在温室通风前增施 2.0 h,通风后增施 1.5 h。如果未通风换气,应在 10:00—15:30 持

① 1 ppm $= 10^{-6}$。

续增施。

增施 CO_2 的浓度：增施 CO_2 浓度上限指标为 1000 ppm，比较经济的施放浓度为 600～800 ppm。采用 Li-6400 光合仪测定晴天中午温室内光强在 950～1120 $\mu mol \cdot mol^{-1}$ 之间，因此计算光强为 1000 $\mu mol \cdot mol^{-1}$，不同 CO_2 浓度水平下的叶片净光合速率，建立二者的模拟方程，计算出晴天中午温室内黄瓜 CO_2 饱和点为 989.5 $\mu mol \cdot mol^{-1}$。根据前期 CO_2 浓度变化对净光合速率的影响特点，确定施放浓度：上限指标为 1000 ppm，比较经济的施放浓度为 600～800 ppm。针对泽丰 CO_2 发生器，首先将 CO_2 施放浓度调到 1000 ppm 档，待 HOBO MX1102 中 CO_2 记录仪数据稳定在 600 ppm 以上时，将施放浓度调整至 800 ppm，至施放结束。

该方法针对日光温室冬季一大茬黄瓜晴天增施 CO_2，12 月下旬—3 月下旬，平均每亩温室增收黄瓜 940 kg，按平均单价 4.4 元 $\cdot$ kg^{-1} 计算，每亩温室增加毛收入 4100 元左右；施用 CO_2，碳酸氢铵和电费等每天成本 5.0 元左右，12 月—次年 2 月共 100 d，按照施用 90 d 计算，总成本 450 元，每亩净增收益 3650 元，扣除仪器折旧费 500 元，每亩净增收益 3150 元，同样计算，早春茬黄瓜每亩净增收益 1100 元。这里未考虑增施 CO_2，提高黄瓜商品性而增加的单价、黄瓜抗病性增强减少的病虫害防治成本、植株活性增强后期产量增加等因素。其适用进行冬季一大茬和早春茬黄瓜生产的日光温室。适用温室是保温性能良好的二代及以上节能日光温室，温室内冬季最低气温不低于 8 ℃，最好有短时加温补光设备；越冬茬或早春茬黄瓜能正常生长，生产管理水平较高。该方法经过一定的指标修订，适宜在我国华北、西北、东北地区节能型日光温室推广。

3.3 案例

3.3.1 荔枝病虫害图像识别与监测预警

3.3.1.1 背景意义

增城和从化是广东著名的荔枝产区，近年来荔枝现代生产技术有了很大的提高，但广州高温高湿的气候条件易引起病虫害发生，对露天生长的荔枝产量和品质造成严重的不利影响，阻碍了荔枝产业发展和种植户增收。如在荔枝果期，正值广州高温多雨季节，霜疫霉病、炭疽病和蒂蛀虫往往同时发生，严重影响了荔枝果品的质量。采用卷积神经网络算法开展荔枝病虫害图像识别技术研究与应用，主要包括两个方面内容：一是研发荔枝病虫害图像识别技术；二是以广州智慧农业气象服务平台为载体,构建新型的病虫害气象防御体系,给荔枝种植户提供荔枝病虫害图像智能识别服务的同时,提供病虫害小百科知识和防治建议,并且为种植户构建"个人空间",实现靶向预警,并逐步构建个性化荔枝基地病虫害预测预警模型,探索荔枝病虫害预测诊断相结合的防治模式。

3.3.1.2 技术方法

(1)病虫害图像识别

开放病虫害图像识别微服务接口,上传病虫害图像,进行病虫害识别,并根据返回的病虫害信息,显示危害描述、危害典型图集、防治方法等百科信息(图 3.11)。

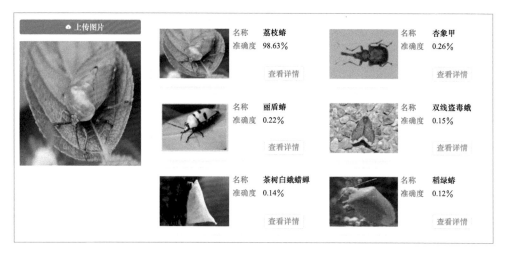

图 3.11 病虫害图像识别

(2)病虫害监测预警

根据近 10 a 的广州荔枝蒂蛀虫、荔枝蝽、霜疫霉病等荔枝主要病虫害的测报数据,结合同期气象资料,分析蒂蛀虫、荔枝蝽、霜疫霉病发生发展与气象要素的关系,选取关键气象因子,构建其发生发展气象等级监测预警模型,结合荔枝物候期、气象实况监测、气象精细化网格预报数据,开展荔枝果实发育期的蒂蛀虫、霜疫霉病发生发展气象等级的监测预警服务。通过用户在"种植户个人空间"模块上报的农场信息、荔枝种植信息,进行用户的服务群组划分,针对不同群组,根据其周边病虫害的分布和发生发展趋势,采用定向消息群发方式,及时开展病虫害防治、病虫害发生发展监测预警等贴身气象服务,为荔枝病虫害防治提供科学指导。

(3)病虫害信息上报

基于地理位置采集病虫害信息,选择病虫害信息、发生时间、病虫害情况描述、上传病虫害图片,实现病虫害信息采集上报,同时业务平台实现荔枝各类病虫害测报数据的收集建库(图 3.12)。蒂蛀虫、荔枝蝽、霜疫霉病等病虫害数据,为已构建的病虫害发生发展气象等级监测预警模型,提供模型检验数据,促使模型进行修正调优,未建立模型的病虫害数据,则为后续构建新监测预警模型积累数据。

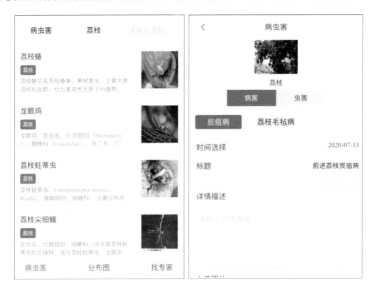

图 3.12　病虫害小百科和病虫害信息上报图

基于百度地图展示近 10 d 荔枝种植户上报的病虫害信息,先以聚合图(图 3.13)的方式展示病虫害信息的空间分布情况,地图放大到镇街级别是展示病虫害的图片,点击可以查看详细信息(发生农场、受害情况描述、图集等)。

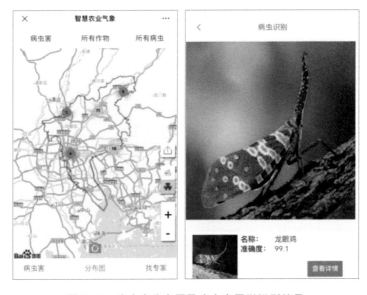

图 3.13　病虫害分布图及病虫害图形识别结果

3.3.2 日光温室草莓气象服务

3.3.2.1 背景意义

草莓属蔷薇科草莓属宿根性多年生草本植物,果实为浆果类,其色鲜艳欲滴,果肉多汁,酸甜适口,营养丰富,古有"水果皇后""水果牛奶"之美誉,是深受欢迎的鲜食果品之一,具有较高的营养价值。同其他果树相比,草莓很适宜保护地设施栽培,通过促成和半促成栽培,使草莓基本上达到了周年供应。由于日光温室草莓种植周期短、结果早、见效快、经济效益高等优势,已成为河北省乡村振兴的主要主力军。

日光温室栽培是北方草莓的主要种植形式之一。促成栽培是草莓在自然条件下,完成花芽分化后,刚要进入休眠之前就开始采取保温等措施,使其不进入休眠,让植株正常生长,提早现蕾、开花和结果的栽培方式。促成栽培对温室内外的气象要素比较高,因而对气象服务需求较高。目前日光温室草莓气象服务仍处于初级阶段,对草莓从产前、产中到产后的全产业链的气象服务较少,因此近年来通过"试验棚室+园区+农户"的模式开展了设施草莓气象全产业链的气象服务。

3.3.2.2 技术方法

(1)日光温室草莓棚型选择

日光温室的类型复杂多样,但在日光温室生产过程中,种植户往往根据经验盲目引进不适宜本地的日光温室类型,当地的光和热量资源未在日光温室生产过程中得到充分利用,从而影响草莓品质和产量。在温室类型选择的气象服务过程中,首先气象部门可以联合农业等相关部门开展日光温室类型的调研,记录后墙材质、覆盖物材质、棚膜种类、建造成本等,测量温室长度、跨度和脊高等参数;其次综合上述数据,结合当地历史气象资料、灾情资料和草莓不同生育期适宜生长指标,借助数理统计等方法从光资源和热量资源分析不同日光温室类型适宜性。有条件的地区可以在温室内安装小气候观测设备,采用温室内外气象要素数据和草莓不同生育期适宜生长指标相结合方式,可以得出不同日光温室类型发展的适宜性。以廊坊地区为例,廊坊种植草莓的日光温室类型多样,单从后墙材质来看,有土墙、砖墙、砖混结构、草砖棉被混合等四种类型,在土墙、砖墙和草砖棉被混合的三种日光温室类型中分别安装小气候观测站,综合温室内外气象数据、温室参数等多源数据,从冬季草莓低温冷害角度出发分析,这三种日光温室类型均适宜于廊坊地区,但从建造成本来看,草砖棉被混合的方式成本更低,占地面积较小,较适宜廊坊地区日光温室草莓种植。

(2)日光温室草莓定植期气象服务

北方的日光温室草莓定植时间一般是8月中下旬—9月上中旬。日光温室定植时间指标是连续 7 d 的日最高温度不超过 30 ℃。在日光温室草莓生产服务过程中发现,定植时间过早或过晚,对草莓生长均为不利。定植时间过早草莓苗易出现旺长现象;定植过晚缓苗后天气转冷不利于草莓生长,容易造成草莓植株细弱。以廊坊为例,用 1991—2020 年逐日的日最高气温的资料计算廊坊市近 30 a 的最佳定植时间(表 3.6),一般是 8 月 11 日—9 月 20 日。日光温室草莓定植气象服务可采用历史气象数据和中长期天气预报相结合预测日光温室草莓定植的最佳定植时间。

表 3.6 廊坊市日光温室草莓最佳定植时间

年份	最佳定植时间	年份	最佳定植时间	年份	最佳定植时间	年份	最佳定植时间	年份	最佳定植时间
1991	9 月 1 日	1997	9 月 1 日	2003	8 月 26 日	2009	8 月 24 日	2015	9 月 4 日
1992	9 月 15 日	1998	9 月 12 日	2004	8 月 11 日	2010	9 月 15 日	2016	9 月 17 日
1993	9 月 7 日	1999	9 月 13 日	2005	9 月 15 日	2011	9 月 1 日	2017	8 月 26 日
1994	9 月 4 日	2000	9 月 4 日	2006	9 月 20 日	2012	9 月 2 日	2018	9 月 6 日
1995	8 月 31 日	2001	9 月 18 日	2007	9 月 13 日	2013	9 月 15 日	2019	9 月 15 日
1996	8 月 20 日	2002	9 月 10 日	2008	9 月 4 日	2014	8 月 28 日	2020	9 月 10 日

(3)日光温室草莓发育期气象服务

开展日光温室草莓发育期的预测气象服务,可以提高日光温室草莓气候资源利用率。

发育期观测试验在河北省廊坊市农科院潘场试验基地进行。试验分别于 2020 年 9 月 21 日,2021 年 9 月 12 日和 2022 年 10 月 21 日定植。每个批次选择 30 株,发育期 2 d 观测一次,遇到周末隔 3 d 测一次,一般在下午观测,草莓发育期观测参考安徽地方标准《农业气象观测规范 草莓》(DB34/T 3503—2019)(安徽省气象局气象标准化技术委员会,2019),记录了定植期、现蕾期(花蕾显露)、开花期(花完全展开)和果实成熟期(果实呈现该品种固有的大小、色泽和风味)。

采用草莓生理发育时间来模拟草莓生长发育速度。草莓生理发育时间是指在最适宜温度和光照条件下完成萌发~成熟所需的时间,反映作物的发育速率。对于一个特定品种,其生理发育时间基本恒定。因此,通常可以用生理发育时间来推测不同生长环境下的物候期,也可以通过发育速度来定发育期,可以通过"钟模型"来建立。计算公式为:

$$dM/dt = 1/D = e^k \times TE^p \times PE^q \tag{3.3}$$

式中,dM/dt 是生育期或生育阶段内的发育速度,用完成其生育所需天数的倒数 $1/D$ 来表示。D 为发育期或发育阶段的日数;k 为基本发育系数,由品种自身的遗传特性决定,k 值越大,说明该品种发育速度也快,为早熟品种;p 为温度反应性遗传系数,反映品种在这一发育阶段内对温度的反应敏感性；TE 为温度效应因子，反映温度对草莓发育的非线性影响，q 为光周期反应性遗传系数，反映该品种在这一发育阶段对日照时数的反应敏感性；PE 为光周期效应因子，反映日照时数对草莓发育的非线性影响。

$$\mathrm{TE} = \begin{cases} 0 & T_i < T_{\min} \\ \sin\left(\dfrac{\pi}{2} \times \dfrac{T_i - T_{\min}}{T_{ol} - T_{\min}}\right) & T_{\min} \leqslant T_i < T_{ol} \\ 1 & T_{ol} \leqslant T_i \leqslant T_{ou} \\ \sin\left(\dfrac{\pi}{2} \times \dfrac{T_{\max} - T_i}{T_{\max} - T_{ou}}\right) & T_{ou} < T_i \leqslant T_{\max} \\ 0 & T_{\max} < T_i \end{cases} \quad (3.4)$$

式中：T_i 为日平均气温；$T_{\max}$、$T_{\min}$ 分别为草莓在生长发育过程中温度的上限和下限；T_{ol}、T_{ou} 分别为草莓在生长发育过程中适宜温度的上限和下限（表 3.7）。

表 3.7 草莓生长发育的温度三基点指标

发育阶段	温度上限/℃	最适温度/℃	温度下限/℃
现蕾	35	20～25	5
花期	35	23～25	8
成熟期	30	18～25	5

相对光周期效应（PE）的计算式为：

$$\mathrm{PE} = \begin{cases} 0 & \mathrm{DL}_c < \mathrm{DL} \\ \dfrac{\mathrm{DL}_c - \mathrm{DL}}{\mathrm{DL}_c - \mathrm{DL}_o} & \mathrm{DL}_o < \mathrm{DL} \leqslant \mathrm{DL}_c \\ 1 & \mathrm{DL} < \mathrm{DL}_c \end{cases} \quad (3.5)$$

式中，DL_c 为草莓光周期效应的临界日长（16 h），DL_o 为草莓光周期的最适日长（10 h），DL 为实际日长。

由于草莓在日光温室生产条件下，且是在冬季，草莓光周期均小于最适日长，数值均为 1，因此不考虑 PE，将"钟模型"算法简化为：

$$1/D = e^k \times (\mathrm{TE})^p \quad (3.6)$$

式中，k、p 值为"钟模型"参数，不同发育阶段各不相同，多年连续模拟时，需要该阶段的基本模型进行累加，即：

$$\int_1^D \mathrm{d}M = M = \sum_1^D e^k \times (TE)^p \quad (3.7)$$

式中，D 表示该阶段模拟的结束日，1 表示起始日。逐日模拟过程中，设置 M 初值为 0，每日计算 M 值并不断累加，当 M 累加到 1 时，表示该阶段模拟完成，此时得到的 D 为该阶段的发育天数。模型进入下一阶段后，计算累加 M，再增加 1 时（$M=2$），第二阶段模拟完成;依次类推完成全发育期的模拟。

模型检验,采用均方根误差(RMSE)和相对误差进行模型模拟值和实测值的检验,RMSE 和 RE 值越小,表明模拟精度越高,用模拟值与实测值 1∶1 线表示模型的一致性和可靠性。RMSE 和 RE 的计算式为:

$$RMSE = \sqrt{\frac{\sum_{i=1}^{n} (x_i - y_i)^2}{n}} \tag{3.8}$$

$$RE = \frac{RMSE}{\sum_{i=1}^{n} x_i} \times n \times 100 \tag{3.9}$$

式中,x_i 和 y_i 分别为观测值和拟合值,n 为样本量。

建模和验证数据:现蕾建模的数据 3 a,验证数据采用兆丰草莓采摘园的一年数据进行验证;开花的数据选取了 5 个批次的数据,开花的验证数据采用 2023 年的数据进行验证。成熟期的数据选取了 5 个批次的数据,验证数据采用 2022 年的数据进行验证。将各发育阶段的三基点温度带入式(3.4)中,计算温度效应 TE,将 TE 代入式简化式中,结合实测值,使用"试错法"逐步修改 k、p 参数,使模拟发育期与实际发育期接近,取得发育期模型参数(表 3.8)。

表 3.8　草莓各发育阶段模型参数值

发育阶段	基本发育系数(k)	温度系数(p)	模型
现蕾	−2.82	−0.024	$\frac{dM}{dt} = e^{-2.82} \times (TE)^{-0.024}$
开花	−0.28	−0.19	$\frac{dM}{dt} = e^{-0.28} \times (TE)^{-0.19}$
成熟期	−2.98	−0.016	$\frac{dM}{dt} = e^{-2.98} \times (TE)^{-0.016}$

由于验证数据较少,在此不单独进行验证,随着数据的不断累积,在后续的工作中可以继续不断优化模型的参数。

3.3.2.3　日光温室草莓生产管理要点

日光温室草莓不同的发育期对温湿度要求不同,通过文献法总结出草莓不同发育期的温度生长管理指标,结合到温室小气候预测、发育期预测等指导农户进行生产。

现蕾期气象服务要点:刚开始现蕾时,不能过早密封温室棚膜,温度过高会影响草莓后续的花芽分化与正常生长发育,高温虽可加速草莓现蕾,但会使草莓花量减少、花柄细弱。白天温度可维持在 22～25 ℃,夜间 5 ℃左右。当现蕾率达到 80% 以上时,可进行浇水,浇足浇透,第 2 天早晨通风以后,闭棚升温,让温度尽快提升到 28 ℃。当温度达到了 28 ℃时,将顶风口开一个小缝,温度上升到 30 ℃时,将顶风口逐渐开大,棚内最高温度控制在 32 ℃以内,夜间温度维持在 10～12 ℃,尽可能长时间维持较高温度,促进草莓开花,控制花期一致。这样的高温度维持 7 d 左右,直到草莓开花率达到 80%,之后白天温度维持在 22～26 ℃,夜间温度 6～8 ℃。在现蕾普遍期时,放置蜜蜂,蜜蜂的活动温度不能低于 15～25 ℃,10 ℃以下的低温及 28 ℃以上的高温,防止蜜蜂停止出巢。

花期气象服务要点:草莓开花后,温度管理从高温管理到低温管理转变,初花期白天保持在 25～28 ℃,夜间温度为 8～10 ℃,盛花期白天温度保持在 23～25 ℃,夜间温度为 8～10 ℃。湿度是影响草莓花药开裂、花粉萌发的重要因素。棚内空气湿度应控制在 30%～50%,湿度低于 20%或高于 40%时,会抑制花药开裂和花粉的萌芽。

蜜蜂授粉气象服务要点:蜜蜂授粉可使草莓异花授粉均匀,坐果率高,可降低畸形果率,提高草莓果实的产量、品质及商品性。与自然授粉相比,蜜蜂授粉能降低畸形果率 33%。在温室内放置蜂箱,利用蜜蜂习性,充分授粉。蜜蜂出巢活动的时间为 8:00—9:00 和 15:00—16:00,最适温度为 15～25 ℃,与草莓花药开裂适温 13～22 ℃相接近,当温度达 28～30 ℃,蜜蜂在温室内的角落或风口处聚集或顶部乱飞,超过 30 ℃则回到蜂箱内。所以当白天温度超过 28～30 ℃时要进行通风换气,保证蜜蜂顺利授粉。温室温度较低,光线不足时蜜蜂不爱出巢。但有时室温超过 14 ℃时,蜜蜂仍然不爱出巢,这是由于温室内昼夜温差大所致。有些温室保温性能不好,夜间温度降到 5 ℃以下,甚至降到 0 ℃,这时蜜蜂在巢内已形成蛰居状态,虽然第二天温度上升到 14 ℃以上,但是蜜蜂苏醒慢,仍不活跃。要解决这个问题,尽量使温室夜间温度保持在 8 ℃以上,使蜜蜂早晨提前出巢。

果期气象服务要点:果实在幼果期时,果实生长发育的适宜温度白天为 20～25 ℃,夜间温度为 5～8 ℃;在果实膨大期时,果实生长发育的适宜温度白天为 25～28 ℃,夜间温度控制在 3～5 ℃。转色期也即是草莓果实颜色由青色转为白色,此时果实体积继续增大,但膨大速度减缓。转色期对果品外观影响很大。果实转色时要控制温度,温度不要过高,否则转色太快,草莓果实发白,不紧实。白天温度控制在 22～25 ℃,夜间温度为 5～6 ℃。在果实成熟期时,应控制温室内湿度,防止棚膜滴水,而使草莓果实被水浸湿导致腐烂。

3.3.2.4　服务效益

综合前期研究成果,开展从棚型选择、草莓定植到采摘的日光温室草莓全产业链的直通式气象服务。在日光温室草莓生产前,给农业、园区等相关部门为日光温室类型选择提供决策服务,从气象角度出发提出廊坊地区适宜发展的日光温室类型;在生产中,提供日光温室草莓最佳定植时间、扣棚膜最佳时间、揭盖帘时间、温室内小气候预测和草莓各发育期预测,不同发育期生长管理要点等气象服务,特别是在大风、暴雪、强降温和连阴天等天气过程来临时,加密制作服务专题。在生产后期开展采摘期气象服务。种植户也可以根据微信小程序、手机客户端实时查看温室内小气候实况和 3～7 d 的小气候预报预测,最佳揭盖帘时间等。日光温室草莓全产业链气象服务,在一定程度上增加了农户的收入,保障了温室内草莓品质,得到了农户和园区的一致好评,为当地的乡村振兴贡献气象力量。

3.3.3　植物病虫气候分析测报系统

3.3.3.1　背景意义

减少农药用量既是降低生产投入的需要,也是保证食品安全的需要,更是控制农业面源污染的需要。由于气候变化和种植结构调整,面对严重复杂的病虫难题,农民往往最习惯于使用农药,从这个角度来说,全面减少农药使用,有效控制农药面源污染的确任重道远。现代农业产业的发展方向是低碳高效,农民节本,产品安全和生态文明,要求我们科学客观减量施用农药,对病虫实施绿色防控。需要以信息化为抓手,研发植物病虫害与气候的关系与预测系统,把现代农业生产产前、产中和产后的所有技术措施有机结合,形成全程绿色防控技术体系,有效贯彻"预防为主,综合防治"的植保方针,真正实现病虫绿色防控,使农药用量显著降低,农民生产投入减少,产品质量更加安全,农药污染得到有效控制。

病虫疫情监测手段主要依靠定时现场检查、人工统计、专业经验判断,存在费时费力、及时性不高、植保专家有限等问题,尤其在山区等基础条件较为薄弱地区,距离高度信息化的现代农业要求存在较大差距。通过病虫害物联网数据分析及预警系统等自动化、智能化、信息化设备的建设,能够加强重大病虫疫情监测能力,提升植保信息化与智能化水平,提高病虫监测和防控能力。

北京农业信息技术研究中心开发的"植物病虫气候分析测报系统"主要包括:病虫害数字化监测预警子系统、专题图形化展示子系统、病虫害知识库子系统、病虫害物联网数据采集子系统等软件,以及植物病虫害监测设备、气象站等硬件。该项系统在北京、天津、山东、贵州等地进行了大面积的示范推广。

3.3.3.2　基本原理

植物病虫害发生流行的因素,主要是寄主、病虫、环境和栽培构成的病害四面体。一般情况下,当寄主与栽培方式未发生很大变化时,环境条件中气象条件的变化常成为病害发生与否的主导因素,也是决定害虫的生长发育、繁殖和行为活动以及发生期、发生量、危害程度的主导因素之一。利用物联网设备,分析病虫与气象的关系,可以建立预测模型,进而实现信息系统,可以辅助病虫害测报实现自动化、智能化。

3.3.3.3　技术方法

(1)病虫害数字化监测预警子系统

提供按照"国家农作物重大病虫害数字化监测预警系统"规定的粮棉油三大类6种主要作物病虫害151张业务表格,设计了数据填报页面。另外,针对各地农业产业现状,按主粮、杂粮、棉麻、油料、蔬菜、果树、茶叶、食用菌等对作物进行分类,以快速筛选定位所需设置报表。

可以根据任务需要,选择相应表格;然后在线填报,对于必填项、数据格式等设置提醒,不符合要求不能保存;系统填报可采用手工输入,或者导入已填好的 Excel 表两种形式,点击保存并上报,自动导入系统。填报流程见图 3.14。

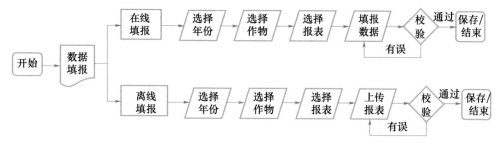

图 3.14　病虫害数据填报流程图

填报完成后,从时间、站点、报表、分析指标等不同维度,可对填报的业务数据进行分析。以柱图、饼图、地图(散点、区域填充、热力图)、K 线图等多种统计图表的形式进行展示(图 3.15)。

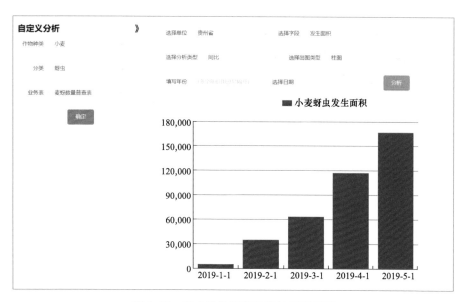

图 3.15　病虫害数据查询统计图表示例

(2)专题图形化展示子系统

以农作物类别、病虫害类别、指标、数量、面积、程度和时间等条件制作各类型的病虫害专题图,将常用的分析指标进行固化,用户可基于各个专题的对比分析预测病虫害的发生情况(图3.16)。基于某一个填报周期,对比历年同期的数据(同比),对比多个同级机构间的数据(环比),展示各种病虫害情况,及时制定治理方案。

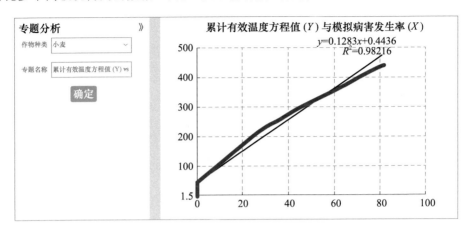

图 3.16　病害发生率模拟曲线示例

将病虫害发生指标与温度、湿度等气候信息进行对比分析,观察气候对病虫害的影响。可以将气候、病虫指标在同一张图上显示(图3.17)。

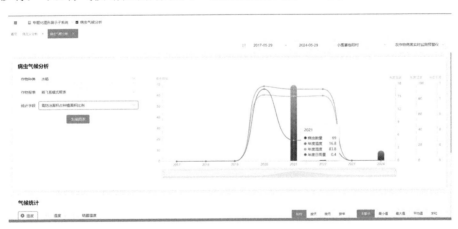

图 3.17　病虫害发生指标与气象要素对比分析示例

(3)病虫害知识库子系统

病虫害知识库子系统(图3.18)以图片+链接方式展示主要病虫害知识,以超链接形式,发布国内外重大病虫害监测实况,按照作物生长阶段或物候期发布病虫防治建议,发布全国及各省(区、市)病虫检疫信息,发布农药和喷药机械的相关信息,介绍国内外的植保信息化相关软硬件产品,同时各功能模块预留手动添加界面。

病虫监测

	》
省农业农村厅监测防控草地贪夜蛾等重大病虫疫情专…	05-06
荔波县引植保无人机开展马铃薯病虫害防治示范	03-13
省植保植检站组织开展稻水象甲越冬情况专项调查	03-11
省植保植检站站长朱怡一行赴毕节市调研指导马铃薯线虫和草地贪夜蛾防控	03-05
2020年中药材春季育苗生产技术指导意见	03-04
贵州省2018年农作物重大病虫害发生趋势	03-10

图 3.18　病虫害知识库子系统示例(贵州省)

(4)病虫害物联网数据采集子系统

① 田间监测点管理

以地图形式,建立田间监测点网络管理体系和田间监测点管理库(图 3.19),对田间监测点的生产信息实时监管,从而实现对农业生产全程数字化管理,为今后农业植保大数据提供基础,通过资源整合,形成接入技术体系并进行示范推广。

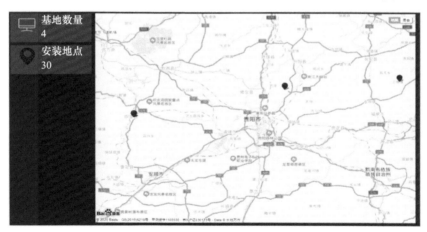

图 3.19　病虫害田间监测点示例

② 物联网设备管理

建立田间自动采集设备网络管理体系和田间智能物联网设备管理库(图 3.20),对物联网设备信息和运行状态实时监管。通过调用结果和数据接口 API 等形式,将现有气象站、病虫监测设备信息收集展示。

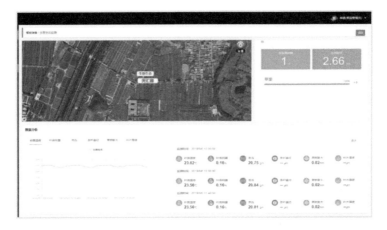

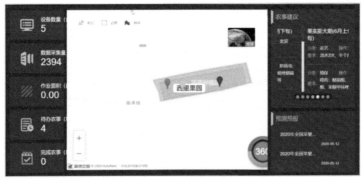

图 3.20　田间自动采集设备网络管理系统

3.3.3.4　服务效益

通过基地评估、精细化气象监测、病虫害监测预警使每亩示范应用地降低生产投入成本约 200 元、利润增加约 70 元。

3.3.4　重庆白茶生育期识别技术

3.3.4.1　背景意义

近年来,人工智能(AI)新技术经历了迅猛的发展,将人工智能的创新成果深度融合于经济社会、生产生活各领域之中,有效地提升了创新力和生产力。本研究尝试将 AI 在图像识别深度学习方向的新技术与白茶生育期识别任务进行结合,有助于弥补或改善以往人工方法的劣势。

重庆市巴南区在二圣茶山,建立视频实景观测系统,经过近 7 a 的观测,已积累了"巴渝特早""安吉白茶""福鼎大白茶""名山白毫"4 个品种茶叶生长实景监控资料。从中选取生长期白化特点明显的安吉白茶资料作为研究对象,安吉白茶有萌芽期、一芽一叶期、一芽多叶期、转绿期 4 个生育期,基于深度学习方法建立自动判别物候期模型后,可以用来代替人工物候期观测,并且提高茶叶物候期观测的准确性。

识别模型利用了深度学习图像识别的前沿技术方法,大大减少了人工特征工程在特征提取方面的工作。该模型不只是考虑图像特征的单一因素,同时也融合了气象方面的要素,气象和农作物的生长息息相关,综合图像和气象两部分特征,创新性地设计了基于深度学习的白茶生育期识别模型,可以大幅减少人工观测和人为干预,及时准确地提供白茶生长关键期的播报。

3.3.4.2 技术方法

(1)白茶图像预处理

原始图像展示的是一定区域内的白茶生长情况,同时也带有水印信息,有的图像存在一些杂物干扰识别,所以首先选择图像靠中央,对焦比较清晰的区域裁剪使用,如下图中的方框区域。基于大数据的机器学习、深度学习方法是数据驱动的,往往需要大量数据的训练来保证模型的准确率和泛化能力。为保证训练数据集的规模,更好地利用原始图像的同时也符合常用的图像数据模型输入尺寸,对较均匀包含茶叶生长点的方框区域进一步用较小的尺寸来进行裁剪,从而扩充数据集。方框区域的尺寸是 832×832 像素,每张图像一分为四裁剪得到 416×416 像素尺寸的图像 4 张,如图 3.21 所示。通过上述步骤的操作,总共得到约 10000 张尺寸为 416×416 像素的图像。

图 3.21 监控相机拍摄的白茶原始图像及裁剪后图像

由于图像的拍摄角度、光照明暗会影响模型的识别效果,为了提高准确率,且进一步增加图像的规模。再对裁剪后的图像色彩、对比度、明度、锐度等参数进行调整,同时在一定范围内对图像进行翻转错切、平移、旋转等变换(图 3.22)。并且把调整变换后的图像和原始图像一起作为训练数据集来训练白茶的识别模型。

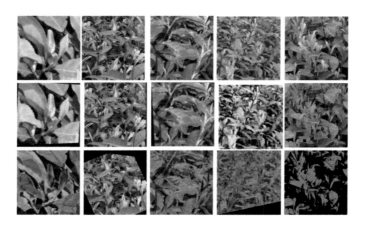

图 3.22　图像变换效果示例

(第 1 行是变换前的图像,第 2、3 行是与第 1 行上下对应的做了变换后的图像)

(2)气象数据的收集和整理

茶树生长与气象条件密切相关,有必要将气象因素的影响添加到识别模型中,使用气象数据有助于提高模型预测的准确性。选择茶树种植地点最近的气象观测站点的数据,这些数据包括气温、降水、湿度等指标。

气象观测站记录的气温是逐小时气温、最高气温及时刻和最低气温及时刻,把逐小时气温进行计算得到每天的平均气温、日最高气温和日最低气温,气温的 3 个特征用 T_{avg},T_{max},T_{min} 表示。

气象观测站记录的降水包括白天降水、夜间降水和日总降水,降水的 3 个特征用表示 P_{day},P_{ngt},P_{ttl} 表示。

气象观测站记录的空气湿度是逐小时相对湿度、最小湿度及时间。利用逐小时湿度计算得到每天的平均相对湿度,和最小湿度组成表示湿度的 2 个特征,即 H_{avg},H_{min}。

最后,将气温、降水和空气湿度的特征进行组合得到表示气象的特征,即:(T_{avg}, T_{max},T_{min},P_{day},P_{ngt},P_{ttl},H_{avg},H_{min})

(3)白茶图像特征的提取

近年来,深度学习迅速发展,其在图像识别方面的应用取得了不俗的效果。在图像特征提取方面,卷积神经网络(CNN)是应用十分广泛的一种神经网络,通过使用不同的卷积核以及多层的网络结构,CNN 能够在训练过程中提取到许多不同的具有高抽象性的图像特征用于图像的识别和分类任务。

对于之前所述的步骤得到的白茶图像,其长宽尺寸为 416×416 像素,而图像在每个像素点上由 RGB 三原色构成,因此图像可以用 416×416×3 像素的三维矩阵来进行表示。将这 416×416×3 像素个值进行归一化(值的范围调整到[0,1]的范围内)后传给 CNN 的输入层进行特征的提取。从输入层开始,卷积神经网络通过不同的神经网络结构将上一层的三维矩阵转化为下一层的三维矩阵,直到最后的全连接层。

CNN 特征提取网络主要采用了卷积(Convolution)和池化(Pooling)的操作。卷积层中每一个节点的输入只是上一层神经网络的一个小块,这个小块常用的大小有 3×3 或者 5×5。卷积层试图将神经网络的每一个小块进行更加深入地分析从而得到抽象程度更高的特征。假设使用 $w_{x,y,z}^i$ 来表示输出单位节点矩阵中的第 i 个节点,卷积核输入节点 (x,y,z) 的权重,使用 b^i 表示第 i 个输出节点对应的偏置项参数,那么单位矩阵中的第 i 个节点的取值 $g(i)$ 为:

$$g(i) = f\left[\sum_{x=1}^{2}\sum_{y=1}^{2}\sum_{z=1}^{3} a_{x,y,z} \times w_{x,y,z}^i + b^i\right] \tag{3.10}$$

式中 $,a_{x,y,z}$ 为卷积核中节点 (x,y,z) 的取值,f 为激活函数。一般而言,通过卷积处理层处理过的节点矩阵会变得更深。池化层神经网络不会改变三维矩阵的深度,但是它可以缩小矩阵的大小。池化操作可以认为是将一张分辨率较高的图片转化为分辨率较低的图片。池化层可以非常有效地缩小矩阵的尺寸,从而减少最后全连接层中的参数,既可以加快计算速度也有防止过拟合的作用。

为提取图像特征设计的网络如图 3.23 所示,输入的图片经过 5 次卷积和 5 次池化得到一个 $13 \times 13 \times 256$ 的输出。采用的卷积层的卷积核大小为 3×3,设置的步长和填充使每次卷积不改变特征图的大小,只增加特征图的个数,而池化操作相当于下采样,使用 2×2 的最大池化,每次使特征图的大小缩小二分之一,但是不改变特征图的数量。经过特征提取,我们得到尺寸为 13×13 的特征图 256 个,得到使用卷积神经网络提取到的特征图像。为了与气象数据融合,最后采用了 13×13 的均值池化,将 $13 \times 13 \times 256$ 的特征图转换为长度为 256 的向量。

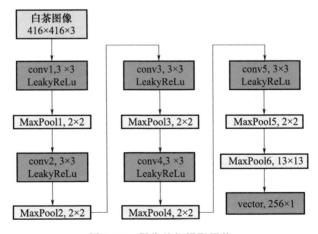

图 3.23 图像特征提取网络

(红色模块是卷积操作,黄色模块是池化操作)

（4）气象数据的利用

气象因素特征表示为$(T_{avg}, T_{max}, T_{min}, P_{day}, P_{ngt}, P_{ttl}, H_{avg}, H_{min})$。

利用这些特征，使用 BP 神经网络来拟合特征之间的相互作用。首先对气象数据进行归一化，然后作为神经网络的输入，神经网络输入节点的数量就是选择的气象数据的特征数量，通过神经网络全连接层将其变为长度为 30 的向量作为气象的特征表达。

（5）特征融合及分类预测

分别使用 CNN 和 BP 神经网络提取白茶图像和气象的特征之后，将图像特征同与之相对应的气象特征进行融合。对于某个图像，将 CNN 提取到的特征与图像日期对应的气象特征进行拼接。图像特征和气象特征的长度分别是 256 和 30，经过拼接之后得到长度为 286 的向量。然后经过全连接层和 softmax 激活函数，将向量映射为 4 分类的概率（图 3.24）。图像的真实标签按 one-hot 的形式编码，即和分类个数等长的向量，若属于某类则该元素为 1，其余为 0。

用交叉熵损失函数来计算前向网络得到的预测值与真值之间的误差作为损失函数，使用 Adam 自适应优化方法来优化参数。使用 L2 正则化、dropout，以及衰减的学习率。

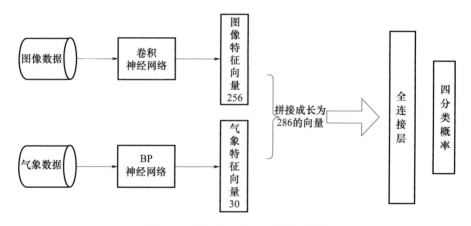

图 3.24　特征融合及分类预测示意图

3.3.4.3　技术的改进

基于深度学习的白茶生育期识别技术还有待于进一步完善，将从以下几方面进行改进：一是在茶叶种植基地尝试设置更多的图像采集点，以此获取大量图像素材，使特定区域的茶树生长识别更具有针对性；二是进一步改善图像特征提取方法，随着深度学习的继续发展，今后可以利用更优秀的深度学习方法为模型的优化提出借鉴和启发；三是在气象因素方法上，尝试纳入更多的气象要素特征来提高模型的精度。以便该技术可以向更多的茶树种类以及其他的农作物进行推广。

3.3.5 保暖式钢骨架大棚保温性评估

3.3.5.1 背景意义

我国传统设施大棚作为北方作物反季节种植的主要设施类型之一,被广泛应用于早春种植及秋延后栽培。据农业农村部农业机械化管理司发布的统计数据,截至2018年全国塑料大棚总面积已达126万 hm²,占全国温室总面积的66.6%。但传统设施大棚因保温性不足,无法满足越冬种植需求,一定程度上影响了淡季蔬菜供给和种植户经济收益,也限制了设施大棚的进一步发展。为解决以上问题,近年来农业科技工作者和种植户研究并示范应用了加装保温措施的棚型结构,实现了越冬蔬菜种植,并为其命名为保暖式钢骨架大棚。保暖式钢骨架大棚是以钢材为骨架,以塑料薄膜为透光材料,以防水保温被为外保温覆盖材料的单跨结构设施,一经推广,因为其成本低、结构多样化、光热资源利用率高、宜机械化等特点很快成为我国北方地区新温室建设和旧温室改造的主流。随着保暖式钢骨架大棚的快速发展普及,开展新型大棚越冬茬热量资源评估研究,进一步指导并保障新型棚室安全越冬生产意义重大。

保暖式钢骨架大棚如何进行越冬生产和作物选择很大程度取决于设施内部的热量资源条件,而保暖式钢骨架大棚作为一种节能型低成本设施类型,环境控制设备相对缺乏,受外界环境变化影响大,环境变化会直接影响到棚内小气候资源条件。因此做好新型棚室越冬期间的内部热量资源评估是新型大棚越冬生产的关键。作为新型棚室,如何基于短序列棚内小气候观测数据借助模型模拟反演获得长序列气候数据成为当前亟待攻关的技术难题。为了解决保暖式钢骨架大棚越冬期热量资源精准模拟评价及蔬菜种植气候适应性评估等相关技术问题,本书作者通过大棚内外部气候加密观测试验获取数据资料,后结合棚外历史气候资料借助随机森林模型进行棚内气候资源反演模拟并完成新型保暖式钢骨架塑料大棚的内部热量资源评价。研究提出新型棚室的室内热量资源评价方法及评估指标,同时针对不同蔬菜对热量的需求提出适宜种植的蔬菜类型,以解决新型棚室气候观测资料不足的问题,对科学指导生产具有重要意义。

3.3.5.2 技术方法

(1)试验设计

以北方地区常规型保暖式钢骨架大棚为研究对象,加温型保暖式钢骨架大棚为对照,开展热量资源评估试验。两种新型保暖式钢骨架大棚分别位于天津市宝坻区七色阳光生态休闲农业园及西青区辛口镇第六埠村(大棚构型示意图如图3.25所示),其中宝坻保暖式钢骨架大棚为加温型保暖式钢骨架大棚,西青为常规保暖式钢骨架大棚(加温型保暖式钢骨架大棚可通过地下供暖水管进行棚内加温,常规型保暖式钢骨架大棚则不另设地暖等加温设备)。分别在选取的典型保暖式钢骨架大棚内设立 2 台 Hobo 温度记录仪(型号 U23-001,美国 ONSET 生产),分别观测大棚内中部 1.5 m 高度南北向空气温度,观测频率 10 min 一次,取两台设备同一时段平均值代表棚内温度平均水平,棚外气象数据监测由基本气象观测站提供。

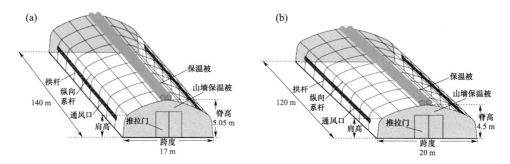

图 3.25　加温型保暖式钢骨架大棚(a)及常规型保暖式钢骨架大棚(b)构型示意图

(2)数据反演方法

受限于新型保暖式钢骨架大棚为新型棚室类型,相关气象监测时段偏短。通过随机森林方法对 2021—2022 年越冬茬室内外实测气象数据进行温度建模,后通过历史室外气象数据进行棚室内热量资源数据反演模拟,得到新型棚室内多年温度数据进而进行此类棚室室内热量资源分析评估。

① 模型构建

以日平均温度、日最高温度、日最低温度、湿度、风速作为解释变量,以大棚内温度指标为目标变量,以试验期间采集数据作为训练评估数据,以 1992—2021 年的棚室外气象数据作为预测反演数据,对不同地区钢骨架大棚分别构建设施内热量资源模拟反演模型。基于 Python 开源机器学习库 scikit-learn 进行模型构建评价,后利用通过验证的随机森林模型进行历史温度数据的反演。

② 模型评价方法

将保暖式钢骨架大棚越冬茬气象观测数据进行划分,12 月、次年 1 月及 2 月气象数据用于神经网络模型调参数,3 月份气象观测数据用于神经网络模型验证。调整参数完成后通过决定系数 R^2、一致性指标 D 及归一化均方根误差 NRMSE 进行模型拟合程度的评价。

$$R^2 = \left[\frac{\sum_{i=1}^{n} (O_i - O)(S_i - S)}{\sqrt{\sum_{i=1}^{n} (O_i - O)^2 \sum_{i=1}^{n} (S_i - S)^2}} \right]^2 \tag{3.11}$$

$$NRMSE = 100\% \times \frac{\sqrt{\sum_{n-1}^{n} \frac{(O_i - S_i)^2}{n}}}{O} \tag{3.12}$$

$$D = 1 - \frac{\sum (O_i - S_i)^2}{\sum (|S_i - O| + |O_i - O|)^2} \tag{3.13}$$

式中，O_i 为实际观测值，S_i 为模型模拟值，O 和 S 为实分别为际值和模拟值的平均值，n 为样本数。各评价指标说明：归一化均方根误差(NRMSE)及一致性指标 D 用于衡量模型模拟误差，越小说明模型模拟误差越小。决定系数(R^2)越接近1，说明模型模拟与实际值的吻合度越高。

（3）热量资源评估

目前大田作物热量资源评估多以积温、基点温度等指标作为评判标准，但直接应用此类指标进行设施大棚热量资源评价对设施作物实际生产指导意义较小。温室大棚类农业设施作为半封闭型小环境，须保证设施作物全生育期各时段热量条件均在一定范围之内。为了合理有效进行农业设施内部热量资源评价，采用以下指标进行评估。气温适宜度，用以分析不同类型蔬菜不同时段与棚内热量条件的匹配程度；危害积温，针对某次高低温过程产生的危害进行累积计算；低温风险则用来描述选择不同种植茬口遭遇低温灾害的概率。

①气温适宜度评价

$$T(t_i) = \begin{cases} 0 & t_i \leqslant t_l \text{ 或 } t_i \geqslant t_h \\ \dfrac{(t_i - t_l)(t_h - t_i)^B}{(t_0 - t_l)(t_h - t_0)^B} & t_l < t_i < t_h \text{ 且 } t_i \neq t_0 \\ 1 & t_i = t_0 \end{cases} \tag{3.14}$$

$$B = \frac{t_h - t_0}{t_0 - t_l}$$

$$T_日 = \left(\sum_{i=1}^{n} T(t_i) \right) / n \tag{3.15}$$

式中，$T(t_i)$ 为大棚内第 i 时刻的气温(t_i)对蔬菜生长发育的适宜度，t_l，t_h，t_0 分别为蔬菜某发育期所需的最低气温、最高气温和适宜气温，参考值见表 3.9。$T(t_i)$ 是一个在 0～1 之间变化的不对称抛物线函数，它反映了气温条件从不适宜到适宜再到不适宜的连续变化过程。式中，$T_日$ 为日气温适宜度；n 为一天中大棚内气温观测次数。棚内不同时段温度均对蔬菜生产发育存在影响，日气温适宜度值为全天各时刻气温适宜度平均值。不同蔬菜类型生长发育三基点温度范围如表 3.9 所示。

表 3.9　蔬菜生长发育所需气温指标

蔬菜类型	常见蔬菜	温度类型	气温范围/℃
喜温蔬菜	黄瓜、茄子、辣椒等	最低气温	0～5
		最适气温	20～30
		最高气温	30～35

蔬菜类型	常见蔬菜	温度类型	气温范围/℃
一般蔬菜	萝卜、莴苣、花椰菜等	最低气温	$-2 \sim -1$
		最适气温	$17 \sim 20$
		最高气温	$20 \sim 30$
半耐寒蔬菜	甘蓝、白菜、菠菜等	最低气温	$-12 \sim -1$
		最适气温	$15 \sim 20$
		最高气温	$20 \sim 30$
耐寒叶菜	韭菜、大葱、洋葱等	最低气温	$-15 \sim -10$
		最适气温	$18 \sim 25$
		最高气温	$25 \sim 26$

② 危害积温计算

设施农业茬口设计不合理易遭受的高温或低温灾害通过危害积温来表示。危害积温是指蔬菜生育期内某次热量危害过程气温低于果蔬下限温度或高于上限温度的持续期间环境温度与蔬菜临界温度差值之和的绝对值。根据危害积温定义，在低温危害过程中其计算公式如下：

$$T_n = \sum_{i=n_0}^{n} (T_i - T_0) \qquad (3.16)$$

式中，T_n 为危害积温（℃·h）；T_i 是某一次热量危害过程的逐时温度（℃）；T_0 是热量危害的临界温度（℃）；n 为低温或高温过程中温度低于或高于临界温度的持续时间（h）；n_0 是低温或高温危害过程的临界时间（h）。考虑设施农业可通过开风口等管理措施避免高温风险，故在此主要考虑低温危害及风险，同时为有效避免作物发生低温冷害，低温危害及风险通过最低温度上限进行计算。

③ 低温风险评估

低温风险通过设定基准温度，针对不同低温要求的蔬菜生长需求划定不同温度界限等级，计算一定年限内低于基准温度的日数占越冬茬总时间的百分率。

3.3.5.3　结果与应用

(1)不同年型下保暖式钢骨架大棚气温适宜度分析

定量评价农业设施内气温对不同品种蔬菜生长发育的影响可通过气温适宜度模型进行，利用气温适宜度公式计算不同年型条件下保暖式钢骨架大棚越冬茬不同品种蔬菜的气温适宜度并进行蔬菜类型间显著性差异比较，结果如图 3.26 和表 3.10 所示。对比不同类型保暖式钢骨架大棚内蔬菜气温适宜度，加温型保暖式钢骨架大棚内部不同蔬菜气温适宜度普遍优于常规保暖式钢骨架大棚，但受高温影响耐寒蔬菜在加温型保暖式钢骨架大棚内部种植容易出现休眠，适宜度波动程度较高。

具体分析不同类型保暖式钢骨架大棚内部适宜种植的蔬菜类型,发现加温型保暖式钢骨架大棚最适宜种植的蔬菜为半耐寒蔬菜,其次为一般蔬菜,喜温蔬菜气温适宜度为0.8～0.9,不适宜耐寒蔬菜,且不同品种间气温适宜度差异显著;常规保暖式钢骨架大棚种植蔬菜的气温适宜度表现为半耐寒蔬菜最高(0.83～0.85),其次为耐寒叶菜(0.76～0.78),再次为一般蔬菜(0.65～0.71),喜温蔬菜最低(0.49～0.53),且适宜度存在显著性差异,不同年型下整体趋势一致。因此,基于气温适宜度,加温型保暖式钢骨架大棚推荐种植半耐寒蔬菜及一般蔬菜,也可根据实际情况进行喜温蔬菜的种植;一般保暖式钢骨架大棚推荐种植半耐寒蔬菜,其次为耐寒蔬菜。

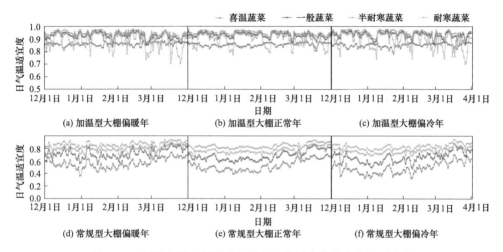

图3.26 不同年型下保暖式钢骨架大棚越冬茬蔬菜气温适宜度

表3.10 不同年型下越冬茬大棚蔬菜气温适宜度对比

地点	年型	喜温蔬菜	一般蔬菜	半耐寒蔬菜	耐寒蔬菜
西青	偏暖年	0.55 dD	0.71 cC	0.85 aA	0.78 bB
	正常年	0.53 dD	0.68 cC	0.84 aA	0.76 bB
	偏冷年	0.49 dD	0.65 cC	0.83 aA	0.76 bB
宝坻	偏暖年	0.87 dD	0.93 bB	0.95 aA	0.89 cC
	正常年	0.86 dD	0.94 bB	0.96 aA	0.90 cC
	偏冷年	0.86 dD	0.94 bB	0.96 aA	0.89 cC

注:字母相同表示在该显著水平下不存在明显差异,字母不同代表存在显著差异。不同小写字母表示在0.05水平差异显著,不同大写字母表示在0.01水平差异显著。

(2)不同年型下常规保暖式钢骨架大棚低温冷害风险分析

根据模型反演数据及不同年型下越冬茬大棚蔬菜气温适宜度分析结果可知加温型大棚越冬茬最低温可以维持在5℃以上,发生冷害风险极低,故主要分析常规保暖式钢骨架大棚低温冷害风险。基于危害积温及低温风险概率分析不同年型条件下常规保暖式钢骨架大棚低温冷害风险（耐寒蔬菜出现低温冷害概率较低，故不作单独分析），结果分别如表 3.11 及图 3.27 所示。由结果可知，一般蔬菜及半耐寒蔬菜越冬茬危害积温不同年型间存在一定差异，但整体危害积温在范围－12.7～0.0 ℃波动，12 月和次年 1 月低温风险为 0.5%～5.5%，3 月几乎不存在低温风险。喜温蔬菜越冬茬危害积温较暖年范围为－648.6～－273.3 ℃·d，正常年为－892.5～－177.8 ℃·d，较冷年为－965.2～－364.2 ℃·d；不同月份危害积温 1 月最高，其次为 12 月，3 月最低；对比喜温蔬菜越冬茬冷害风险，较暖年发生冷害概率为 20.0%～28.5%，较冷年 23.0%～29.0%，正常年 17.4%～30.7%，冷害风险与危害积温有很强一致性。

表 3.11　不同年型下常规保暖式钢骨架大棚不同蔬菜危害积温对比

蔬菜种类	月份	较暖年危害积温/(℃·d)	较冷年危害积温/(℃·d)	正常年危害积温/(℃·d)
喜温蔬菜	12	－479.2	－834.5	－715.9
	1	－648.6	－965.2	－892.5
	2	－489.3	－774.6	－639.3
	3	－237.3	－364.2	－177.8
一般及半耐寒蔬菜	12	－0.1	－12.2	－9.1
	1	－6.5	－12.7	－7.6
	2	0.0	－4.7	－5.8
	3	0.0	0.0	0.0

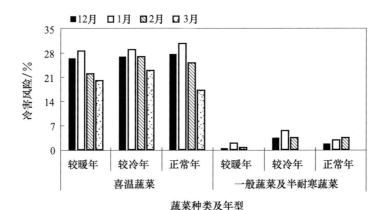

图 3.27　不同年型下一般保暖式钢骨架大棚低温风险分析

　　为了解决新型棚室蔬菜选择、安全越冬等问题，本书借助气温适宜度模型计算分析不同新型棚室不同蔬菜类型气温适宜度，并在此基础上增加危害积温及冷害概率两种指标构成评估体系,可以为新型大棚种植户的茬口选择及农事管理提供更为系统的参考。

3.3.6　日光温室气候分类

3.3.6.1　背景意义

日光温室能否安全高效种植对于反季节蔬菜供应十分重要。然而,日光温室基于用途、结构形式、覆盖材料等方面的不同,有不同命名方式,同一类温室基于不同角度、按不同方法可以划分为多种类型。实践表明,通过以往温室分类方式进行生产安排和规模化标准化种植,容易导致温室果蔬茬口搭配不合理、作物品种选择不科学、灾害风险高等问题,也是导致近年温室效益下降的主要因素。为了解决日光温室园艺作物越冬栽培茬口合理安排以及减少低温灾害风险,需要开展日光温室保温性评价并进行合理科学分类,对温室作物栽培茬口合理安排,以及传统温室升级改造和新型温室设计具有十分重要的科学意义。

3.3.6.2　技术方法

通过对典型日光温室设置室内外小气候观测试验,结合不同温室构型及建筑材料,基于热传导原理形成日光温室夜间室内外温差计算方法,并以此为基础评价不同类型温室保温能力,进而对天津地区主要日光温室类型进行划分,提出不同类别温室适宜种植蔬菜建议。这一分类方法既考虑了温室维护结构、材料等影响保温性能的主要因素,同时也考虑了分类地区的长期气候资源状况,最终得到以保温能力为主要指标的定量化分类结果,为解决我国日光温室类型多且构型复杂,难以量化评价其保温性能及合理安排种植茬口的难题,提出一个普适性和应用性强的解决方案(黎贞发 等,2021)。

(1)室内外温差计算方法

在越冬季节尤其是低温天气,日光温室所能达到的内外温差以及能保持的最低温度是评价其保温性能好坏的重要指标。对于无辐射增温的夜间低温,温室的保温性能与其建筑结构的综合传热能力和种植区域的气候条件密切相关。因此给出了日光温室夜间室内外温差模型,温差由下式计算而得:

$$\Delta T = \gamma_c + \gamma_T \times T + \gamma_w \times W + \gamma_{RH} \times RH \tag{3.17}$$

式中,ΔT 为日光温室夜间室内外温差(℃);T 为日光温室室外气温(℃);W 为日光温室室外风速(m·s^{-1});RH 为日光温室室外相对湿度(%);γ_c 为温室保温常数;γ_T 为温度系数;γ_w 为风速系数;γ_{RH} 为湿度系数。

(2)综合传热系数计算

综合传热系数决定于日光温室围护结构的传热性,由各层围护的结构传热系数按照权重进行累加得到。综合传热系数越高,日光温室的保温性能越差。日光温室围护结构包括后墙、后坡、侧墙、前坡(包括前坡透明覆盖材料及保温被等),每个围护结构由一层或多层材料构成。具体计算如下式:

$$k = \sum_{j=1} k_j \cdot \eta_j \tag{3.18}$$

$$k_j = \frac{1}{R_j} \tag{3.19}$$

$$R_j = R_{inj} + R_{oj} + R_{outj} \tag{3.20}$$

$$R_{oj} = \sum_{i=1} r_{ji} \tag{3.21}$$

$$r_{ji} = \frac{\delta_{ji}}{\lambda_{ji}} \tag{3.22}$$

$$\eta_j = \frac{S_j}{\sum_{n=1} S_n} \tag{3.23}$$

式中,k 为日光温室综合传热系数;k_j 为日光温室某一围护结构的传热系数;η_j 为日光温室某一围护结构占综合传热系数的权重;R_j 为某一围护结构的传热阻;R_{inj}、R_{oj}、R_{outj} 分别为内表面换热阻、该围护结构热阻和外表面换热阻;r_{ji} 为单层结构热阻;δ_{ji} 为材料层厚度;λ_{ji} 为材料导热系数;η_j 为日光温室某一围护结构占综合传热系数的权重;S_n 为日光温室暴露在空气中的总表面积;S_j 为日光温室某一围护结构暴露在空气中的表面积。

(3)温差模型相关常数及系数模拟

保温常数、温度系数、风速系数及湿度系数与综合传热系数密切相关,通过 matlab 拟合 50 种常用拟合关系方程,分析对比得到最优相关方程如下所示:

$$\gamma_c = a \times b^k \times k^c \tag{3.24}$$

$$\gamma = d \times k + e \tag{3.25}$$

式中,γ 表示温度、风速或湿度系数,γ_T、γ_W、γ_{RH};a、b、c、d、e 为待定参数,k 为日光温室综合传热系数。

(4)数学模型评价方法

选择国际通用的指标和方法对日光温室夜间室内外温差计算方法准确性进行评价。首先对实际观测值及模拟值通过趋势线进行拟合,比较模拟值与实测值之间的吻合程度,同时选用统计指标对模型模拟能力进行定量的评价。采用决定系数 R^2 和均方根误差 RMSE 进行实测值和模拟值拟合程度比较。

$$RMSE = \sqrt{\frac{1}{n} \sum_{i=1}^{n} (O_i - S_i)^2} \tag{3.26}$$

式中,O_i 为实际观察值,S_i 为数学模型模拟值,n 为样本数。各评价指标说明:均方根误差(RMSE)用于计算模拟值及实测值之间的偏差,越小说明模型模拟误差越小。决定系数(R^2)用于衡量模拟值及实测值去实现的拟合程度,越接近1,说明模型模拟与实际值的吻合度越高。

试验于冬季(11月—翌年3月)在天津市北部设施农业聚集区的3个典型日光温室内进行,地点分别为天津市农业科学院创新基地(武清)、北辰双街镇、宝坻圣人庄3个典型二代日光温室。方法推广验证分别于2016—2018年冬季在天津蓟州区侯家营恒丰蔬菜合作社种植基地和2019—2020年冬季在天津市武清区聚鸿庄园及清泰庄园两个园区内进行。

(5)基于温差模型计算天津典型日光温室最低温界限

为了更好地体现本方法在日光温室保温性能评估及种植茬口合理规划的应用价值,以创新基地温室为例,通过设定温室达到不同保温常数时,计算气候保证率为80%(生产上认为保证率达到80%风险较为可控)条件下,温室所能出现的最低气温。此温度可以保证绝大多数年份下温室正常生产,因此以该指标作为指导作物规模化标准化栽培的科学依据。利用1961—2020年共60 a天津武清站气候数据资料,计算最低气温、湿度及风速气候保证率为80%条件下的气候要素值,结果如表3.12所示。同时根据天津市不同品种越冬蔬菜种植对日光温室保温要求,分别计算保温常数为22、19、17、15、13、10的温室(按照天津典型日光温室保温要求,以16为基准,上下分别增减1、2、3得到)在指定气候背景条件下所能维持的室内外温差,根据室外最低气温获得温室内最低气温值,结果如表3.13所示。在室外温度为−11.4 ℃、湿度48%和风速5.6 m·s⁻¹的外部条件下,保温常数10、13、15、17、19和22的日光温室室内维持温差水平分别在14 ℃、17 ℃、19 ℃、21 ℃、23 ℃和26 ℃,最低气温分别为3 ℃、6 ℃、8 ℃、10 ℃、11 ℃和14 ℃(表3.13)。

表 3.12　天津 1961—2020 年保证率为 80% 最低温度、湿度及风速组合

气象指标	气温/℃	湿度/%	风速/(m·s⁻¹)
平均值	−11.4	48.0	5.6

表 3.13　基于保证率与温差方程计算不同日光温室最低温

保温常数	温度系数	湿度系数	风速系数	温差/℃	室内最低气温/℃
22	−0.7464	−0.0650	−0.2774	25.8(≈26)	14.4(≈14)
19	−0.7382	−0.0574	−0.3155	22.9(≈23)	11.5(≈11)
17	−0.7300	−0.0498	−0.3535	21.0	9.6(≈10)
15	−0.7184	−0.0391	−0.4071	19.0	7.6(≈8)
13	−0.7018	−0.0239	−0.4836	17.1(≈17)	5.7(≈6)
10	−0.6622	0.0124	−0.6662	14.4(≈14)	3.0

(6)基于保温能力的天津典型日光温室类型分类

通常日光温室越冬期间所能维持的极端最低温度值是决定其能否安全种植不

同蔬菜类型的主要指标,因此,本书以室内最低温度为界限指标对天津地区温室进行分类。基于表 3.13 得到的不同保温常数下温室在越冬期间可能出现的最低温度值对天津市典型日光温室进行分类,同时充分考虑温室分布区域种植特点和温室围护结构,最终以其适宜种植的蔬菜类型进行命名并提供种植结构建议,具体分类结果如表 3.14 所示。其中,耐寒叶菜型:温室保温常数介于 10～13,温室在最冷月可保证最低气温高于 3～6 ℃,此类温室多为砖围护结构,因前坡面占整个温室围护表面积比例高,散热降温快,可用于生产耐寒叶菜;叶菜适宜型:温室保温常数介于 13～15,温室在最冷月可保证最低气温高于 6～8 ℃,此类温室多为砖围护结构,因前坡面占整个温室围护表面积比例较高,保温性能受到一定影响,可用于生产一般叶菜;果叶混合型:温室保温常数介于 15～19,温室在最冷月可保证最低气温高于 8～11 ℃,冬季生产月(12 月至次年 2 月)高于 10 ℃有效积温大于 596～960 ℃·d,此类温室有两种,一种是砖围护结构,前坡面占整个温室围护表面积比例适中,保温性能优于一般砖围护结构,可用于生产叶菜及部分耐寒果菜,但风险较高易受冻害影响;另一种温室多为土围护结构,跨度较大,温室前坡面散热较大,因此保温性略差,可用于番茄等对温度需求不高的果菜生产,进行喜温果菜种植时风险较高;果菜适宜型:温室保温常数介于 19 至 22,温室在最冷月可保证最低气温为 11～14 ℃,冬季生产月高于 10 ℃有效积温大于 960～1233 ℃·d,可用于一般果菜生产,如黄瓜、番茄等;喜温果菜型:温室保温常数高于 22,温室在最冷月可保证最低气温高于 14 ℃,冬季生产月高于 10 ℃有效积温大于 1233 ℃·d,利于对温度要求较高的果菜进行生产。

表 3.14　基于温差方程的天津市日光温室分类结果

最低保证温度/℃	保温常数	建议作物	一般围护结构	主要分布区域	温室类别
(3,6]	(10,13]	耐寒叶菜 (菠菜、芹菜等)	砖	大港、西青	耐寒叶菜型
(6,8]	(13,15]	一般叶菜 (莴笋、甘蓝、生菜等)	砖	大港、西青	叶菜适宜型
(8,11]	(15,19]	耐寒果菜、喜温叶菜 (辣椒、空心菜、苋菜等)	砖或土	天津全市 均有分布	果叶混合型
(11,14]	(19,22]	一般果菜 (番茄、茄子等)	土	宝坻、蓟州、静海	果菜适宜型
>14	>22	喜温果菜 (黄瓜、甜瓜等)	复合墙体或 特殊处理	宝坻、静海	喜温果菜型

3.3.6.3　服务效益

温室日常生产中,由于管理者对温室建筑结构和保温性能的认识不够,经常在保温性能较差的温室中种植喜温作物,偏暖或正常年份冬季尚可正常生产,但偏冷年份作物却遭受低温冷害甚至冻害,造成不可挽回的经济损失。因此,相关部门及从业者急需掌握和了解温室的保温性能,以期合理指导,科学种植。基于实际需求,采用验证后的日光温室夜间室内外温差计算方法和日光温室分类结果,在2016—2020年期间对天津市三个设施园区出现低温冷害的温室类型开展保温性能评估服务。通过对3个园区主要日光温室的结构、建筑材料以及室外历史气象资料的收集整理,建立对应的日光温室夜间室内外温差计算模型,得到温室保温常数及相关系数并对温室类别进行判断,结果如表3.15所示。由表可知:蓟州区侯家营恒丰蔬菜基地、武清聚鸿庄园及武清清泰庄园3个园区主要日光温室保温常数所处范围为11.52~11.89,温差值为15.3~16.8 ℃,偏冷年份温室内最低气温−1.3~2.1 ℃(27.2%),一般年份温室内最低气温3.5~4.2 ℃(36.4%),偏暖年份温室内为5.5~8.9 ℃(36.4%),三者均属于二代保温能力偏弱类温室,适宜种植耐寒叶菜,在偏冷和正常年份种植喜温类果菜极易发生冷害和冻害。

表 3.15 基于夜间室内外温差的天津日光温室分类结果

站点	保温常数	气温系数	湿度系数	风速系数	温室类别
恒丰基地	11.62	−0.6835	−0.0131	−0.5862	耐寒叶菜型
聚鸿庄园	11.52	−0.68499	−0.56115	−0.00849	耐寒叶菜型
清泰庄园	11.89	−0.68969	−0.53945	−0.01281	耐寒叶菜型

3.3.7 天津沙窝萝卜农业气象服务

3.3.7.1 背景意义

沙窝萝卜是天津重要的特色农产品之一,已有600多年栽培历史,是国家地理标志产品及天津知名农产品区域公用品牌,具有皮薄、肉细、清脆、多汁含糖量高的特点,素有"沙窝萝卜赛鸭梨"之美誉。截至2019年天津市沙窝萝卜种植面积5000余亩,种植方式包括春保护地种植、秋露地种植及秋延后保护地种植,其中以秋延后保护地种植类型最多,天津市沙窝萝卜年产量5000余万斤,一般家庭收入8~9万元·a^{-1}。

沙窝萝卜周年气象服务关键技术旨在建立都市特色农业类型标准化、实用化气象服务模式,改善天津市沙窝萝卜生产过程中温度管理、水分管理等粗放、经验管理现状,从气象角度出发解决沙窝萝卜种植小气候条件调控能力不强问题。通过有效的周年气象服务指导,降低小气候环境对沙窝萝卜品质造成的影响,并通过水分管理指导技术降低灌溉生产成本,提升沙窝萝卜表观品相及营养品质,提高优质萝卜比重,进而增加综合效益。

3.3.7.2 技术方法

沙窝萝卜气象周年服务关键技术主要包括：确定不同茬口沙窝萝卜气象服务时间，量化沙窝萝卜品质管理温度指标，明确沙窝萝卜关键生育期及重点服务方法；提出主要气象灾害类型，提出水分管理方法等气象服务关键技术。

天津市沙窝萝卜种植温度条件、生育前期降水时间与强度、生育后期土壤水分管理方法及强降温等是影响沙窝萝卜高品质生产的重要气象因素，直接影响萝卜品质及产量。通过多年沙窝萝卜小气候观测、农业气象试验、农事管理观测及专家咨询等方式分析整理得出系列周年气象服务关键技术，为沙窝萝卜全生育期、关键期水分管理及灾害性天气提供有针对性、高效的周年气象服务，从而充分发挥气象防灾减灾在沙窝萝卜生产中的保障作用。

（1）不同茬口沙窝萝卜气象服务时间节点

天津市沙窝萝卜种植主要有三种茬口种植类型（表3.16）。其中10％为春季保护地种植，26％为秋季露地种植，64％为秋季延后保护地种植。不同茬口气象服务时间节点差异较大。4—6月为春季保护地沙窝萝卜气象服务时间段，8—10月为秋季露地类气象服务时间段，8—12月为秋季延后类气象服务时间段。

表3.16 三种茬口种植类型播种及收获日期

种植茬口	播种日期	收获日期
春保护地	4月5日—4月25日	6月10日—6月30日
秋露地	8月8日—8月10日	10月15日—10月20日
秋延后保护地	8月10日—8月20日	11月15日—12月5日

（2）天津市沙窝萝卜气象服务关键指标

沙窝萝卜是半耐寒性、长日照喜光蔬菜，充足的光照是肉质根膨大必要条件；全生育期内最高气温不高于25 ℃，最低气温不低于5 ℃，适宜昼夜温差在10 ℃以上，有利于肉质根糖分转化。播种至发芽期适宜气温23 ℃左右，生长初期温度过低易造成先期抽薹。幼苗期适宜气温为18 ℃左右。莲座期适宜气温15 ℃左右。肉质根膨大期所需温度较低，夜间适宜气温为10 ℃左右，且要求环境温度相对均匀。储藏期中冷库贮藏适宜条件为低温高湿条件，适宜气温为0～3 ℃，适宜相对湿度为90％～95％；棚内储藏温度白天适宜气温为10～15 ℃，夜间适宜气温为0～5 ℃，白天遮光，夜间降温。储藏时间1周，综合品质较好。

（3）天津市沙窝萝卜关键生育期重点服务方法

天津市秋延后沙窝萝卜8—10月中下旬为露天种植，该阶段受气象条件直接影响；10月中下旬—12月下旬为保护地种植，该阶段受小气候条件直接影响。

播种期：播种至出苗期受短时强降水影响较大，播种前无降水，则需人工灌溉造墒播种，增加成本；播种后1～5 d内出现短时强降水则会造成土壤板结，影响出苗率;出苗后持续降水则会造成苗期徒长,影响根系生长。因此,8月初降水预报是确定沙窝萝卜播种期的重要因素,是此时重点服务内容。

破肚期—露肩期:苗期逐渐向肉质根生长期转变。9月沙窝萝卜进入破肚至露肩期,此阶段需要控制水分,降水过大则会造成根系徒长,根系出现变形影响品质,连阴天会造成弱苗、病苗,需提前进行间苗管理,降低养分消耗;该阶段沙窝萝卜具有根浅苗型大的特点,极易受大风影响,出现折根现象。因此,8月—9月中旬准确开展降水预报、连阴天预报、大风预报可有效提高萝卜品质,是农业气象服务的重点。

立概期:尚未封垄,肉质根接近于拇指粗。此时是水分管理的开始时期,需加强水肥管理,降水有利于肉质根的生长,降水不足则需进行人工灌溉管理,增加成本。此时准确的降水预报可有效降低种植成本,是此时重点服务内容。

肉质根膨大期:特指10月下旬—11月上旬,此阶段沙窝萝卜将由露天生产向保护地生产转变,大棚开始安装棚膜及保温被。如初霜冻或强降温出现较早,沙窝萝卜则会发生冻害,影响后期品质。此时初霜冻预报、寒潮预报的准确性直接影响沙窝萝卜的受害程度及品质,是此时重点服务内容。

(4)天津市沙窝萝卜水分管理气象服务技术

沙窝萝卜各生育期需水特性差异较大,8—11月土壤湿度受降水影响,11—12月受人工灌溉影响。沙窝萝卜水分管理要点为均衡供水,需根据天气和土壤条件灵活用水,切勿忽干忽湿。①8月上旬降水量不足,且预报8月中旬依然无有效降水情况,需进行灌溉提示服务,提供人工造墒播种建议。②足墒种植后至满30 d内,基本不进行灌溉,30 d后开始满月水灌溉,当预测8月中旬—9月中旬无有效降水,若土壤过干,则需提示给予小水灌溉,确保出苗整齐,保障苗期用水,但预测有短时强降水则需提前给予提示。③肉质根生长期,特指保护地内生产阶段,是需水关键期,必须保持土壤湿度,适宜的土壤体积含水量为20%~30%。此时期土壤湿度主要依靠人工灌溉调节,水分管理直接影响萝卜品质,土壤缺水易造成肉质根膨大受阻,皮粗糙,辣味增加,糖和维生素C含量降低,易糠心。土壤含水量偏高,通气不良,肉质根皮孔加大,皮粗糙,侧根着生处形成不规则的突起,从而降低商品品质。土壤干湿不匀,肉质根木质部的薄壁细胞迅速膨大,而韧皮部和周皮层的细胞不能相应膨大,易裂根。④强降水后需提示及时排水,防止水分过剩沤根,产生裂根或烂根。高温干旱季节要坚持傍晚浇水,切忌中午浇水,以防嫩叶枯萎和肉质根腐烂。

(5)气象服务关注的气象灾害

重点关注8—9月强降水、10月下旬—11月上中旬初霜冻、10月下旬—12月强降温、全生育期大风、全生育期内3 d及以上连阴天。

3.3.7.3　服务效益

沙窝萝卜平均亩产10000斤左右,其中精品果占30%,中等果占50%,利用沙窝萝卜周年气象服务关键技术可降低气象因素对沙窝萝卜品质的影响,使每亩精品沙窝萝卜增加 2％左右,中等沙窝萝卜增加 5％左右,以 2019 年沙窝萝卜销售价格为例,精品果 12 元·kg^{-1},中等果 8 元·kg^{-1}的价格计算,一年可增收 3200 元·亩$^{-1}$。

3.3.8 渤海迁飞性害虫雷达监测应用

3.3.8.1 背景意义

利用天津市内的宝坻 CINRAD/SA 双偏振天气雷达、天津塘沽单偏振雷达、Ka 波段云雷达的数据资料,对天津区域空中生物活动回波特征开展研究,调取山东、河北的雷达数据开展雷达数据组网并完成害虫的迁飞轨迹研究。在获取虫情信息基础上,借助模式 WRF 模式输入三维风场、温度、湿度等变量,并使用三维轨迹方法分析昆虫轨迹,根据输出的风场和昆虫的起始位置,通过 HYSPLIT(拉格朗日混合单粒子轨道模型)来进行昆虫的运动轨迹分析。结合昆虫落区的格点化实况数据和预报数据,对昆虫虫龄、卵龄进行预测分析,建立外来虫源最佳的防治"窗口期",制定科学高效的绿色植保防治方案。

3.3.8.2 技术方法

(1)确定天气雷达迁飞性害虫回波判别依据

S 波段双偏振天气雷达中的 4 种产品:基本反射率产品(R)、径向速度产品(V)、相关系数产品(CC)和差分反射率产品(ZDR)在识别虫情回波中起了关键作用。

天气雷达的基本反射率产品(R)反映了气象目标内部降水粒子的尺度和密度分布,用来表示气象目标的强度。同理,基本反射率产品(R)也能反映出虫情回波目标的强度,其对虫情回波的特征表现:晴空条件下有强回波且该回波不伴随降水现象;回波形状有特点;回波活动有规律。

天气雷达的径向速度产品(V)反映的是气象目标相对于雷达站位置的运动速度,远离雷达站位置运动的目标速度为正值,靠近雷达站位置运动的目标为负值。同理,径向速度产品(V)也能反映出虫情回波目标相对于雷达站位置的运动速度,其对虫情回波的特征表现:虫类飞行速度约在 2~10 m·s^{-1},虫类活动具有正负速度对特征。

天气雷达的相关系数产品(CC)反映的是空中粒子与降水回波的相关性,其相关性越高说明降水粒子的概率越大,一般来说降水粒子的相关性都会在 0.95 以上,反之,非降水粒子的相关性就比较低。相关系数产品 CC 对虫情回波的特征表现:虫情回波的相关系数整体数值较低,相关系数主要分布在 0.1~0.92。

天气雷达的差分反射率产品(ZDR)反映的是空中粒子的形态,一般来说 ZDR 值为 0 时,粒子形态为圆形;ZDR 值大于 0 时,粒子形态为尖状椭圆形;ZDR 值小于 0 时,粒子形态为扁平状椭圆形;而 ZDR 值数的大小,反映出两种形态椭圆形的曲度。差分反射率产品 ZDR 对虫情回波的特征表现:虫情回波差分反射率 ZDR 值大小分布不均匀,其差分反射率最大值可达 3~5 dB,这与虫类形态各异是有很大的关联性。

利用 S 波段双偏振天气雷达的这些偏振参量产品以及地面气象观测的降水数据,结合植保部门的虫情观测数据,就能形成迁飞性害虫回波判别依据。

(2)引入 Ka 波段双偏振云雷达精准化区分虫情回波与气象回波

Ka 波段双偏振云雷达,通过向天顶发射一定功率的辐射能量穿透云层时,被云滴/冰晶粒子散射、吸收与反射等作用后能量发生衰减,通过天线接收回波信号,可以反演获得云量、云高、云类型(低云、中层云、高层云或冰云)、云滴大小、云层垂直结构分布等信息。同理,Ka 波段双偏振云雷达一样能探测到从其天顶上经过的虫群回波,并反演出相关探测信息(图 3.28)。

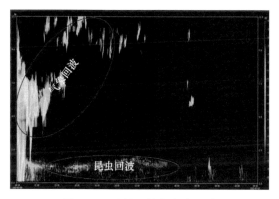

图 3.28 虫情回波与气象回波

Ka 波段双偏振云雷达中的 3 种产品(反射率产品、速度产品和退偏振比产品)在识别虫情回波中起了关键作用。

云雷达的反射率产品能从高度层方面清晰地区分气象回波与虫情回波,虫情回波一般分布在 1500 m 以下,如图 3.29 所示。

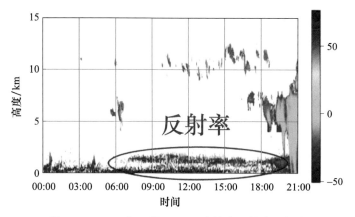

图 3.29 2022 年 7 月 27 日天津塘沽云雷达反射率

云雷达的速度产品能显示虫情回波在水平和垂直方向都有速度,不仅能佐证该回波不是杂波,而且其产品特征与昆虫飞行习性相符,如图 3.30 所示。

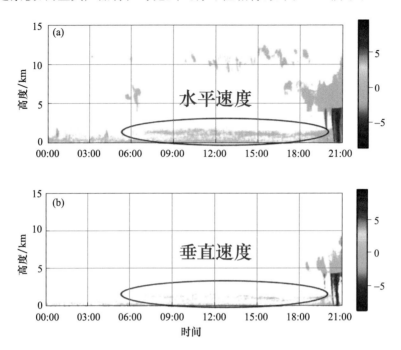

图 3.30　2022 年 7 月 27 日天津塘沽云雷达水平速度(a)与垂直速度(b)

云雷达的退偏振比产品能显示虫情回波中粒子形状不均匀,清晰地区分出非降水回波,符合昆虫个体形态特征。

基于雷达监测结果,进一步可以判断迁飞性害虫的落区,根据落区的天气条件,判断害虫的交尾时间,根据测得的害虫各个虫态的发育起点温度和有效积温,根据当地的气象实况和预报资料测报出害虫的发生期,并对害虫的发生世代进行预测,实现精准杀虫。不同种类的迁飞性害虫发育期各有不同,收集整理了典型害虫的发育期积温,例如:劳氏黏虫全世代发育起点温度为 12.24 ℃,有效积温为 542.26 ℃·d。卵、幼虫和蛹的发育起点温度分别为 11.83 ℃、13.89 ℃、14.20 ℃,产卵前期的发育起点温度最低为 -1.86 ℃。幼虫期所需有效积温最高为 254.53 ℃·d,其次是产卵前期为 121.89 ℃·d,蛹和卵的有效积温分别为 118.15 ℃·d 和 52.55 ℃·d。又如,黏虫的龄期可以通过体色与体长来判断。幼虫头顶有八字形黑纹,头部褐色黄褐色至红褐色,2~3 龄幼虫黄褐至灰褐色,或带暗红色,4 龄以上的幼虫多是黑色或灰黑色。此外,黏虫的危害程度也可以判断。1~2 龄幼虫仅啃食叶肉成天窗,3 龄以后沿叶缘蚕食成缺刻,危害严重时吃光大部叶片,只残留很短的中脉。因此,在防治黏虫时,应该抓住幼虫 3 龄暴食危害前关键防治时期。根据落区预报结合当地积温,在幼虫进入 3 龄之前组织消杀最为有效。

3.3.9 大连樱桃农业气象服务

3.3.9.1 背景意义

近年来,大连市气象部门紧紧围绕"提质增效"这一核心,深化气象服务供给侧结构性改革,全链条服务大连大樱桃产业,助力乡村振兴。

大连大樱桃是全国农产品地理标志,年产值超百亿,小小樱桃已成为大连地区乡村振兴的大产业。气象条件是影响大樱桃产量和品质的关键因素。为适应大樱桃产业对气象服务需求的逐年增加,2018 年市气象部门成立了大樱桃气象服务中心,构建"市级技术指导＋特色中心产品支持＋县级服务"集约化气象服务机制,面向大樱桃产业布局、生产、销售、旅游等方面开展全链条气象服务,全面提升了大樱桃气象服务质量和效益。2022 年大连市气象部门被认定为省级大樱桃农业气象服务中心,入选辽宁省气象部门地方农业气象服务品牌。

3.3.9.2 服务模式

(1)依托气象科技支撑,助力樱桃产业布局

从气象防灾减灾和果树优育两个方向开展大樱桃气象服务关键技术研究。正在开展的大连大樱桃气象种植适宜区区划和气象灾害分布研究,为大连大樱桃优化产业布局献上气象智慧。依托全市自动气象站开展致灾天气影响研究,为大樱桃生产气象保障服务提供技术支撑。研发新一代果树休眠仪,精准测量温室大樱桃树休眠期蓄冷量,让果农精准把控果树休眠期的破眠时间。利用大连市突发事件预警信息发布系统、农村应急广播系统,在采收等关键期及时向大樱桃从业人员发布预报预警等防灾减灾信息,减少气象灾害损失。

(2)提供精细化气象预报,助力果农生产

研发了大樱桃农业气象服务定量指标,依托大连市气象智能网格预报产品,构建了全生育期气象服务产品体系,每年发布大樱桃开花期预报、成熟期预报、适宜采收期预报、强降雨影响预报等大樱桃气象服务专报,助力果农合理安排农事生产。在旅顺口区、金普新区、普兰店区、瓦房店市等大樱桃主产区依托区(市、县)气象部门建立气象服务微信群,为果农提供精细化"直通式"气象服务,方便果农及时获取专业气象信息,为大樱桃生产提供气象保障。

(3)开展气候品质评价,助力樱桃销售

为提升大连地区大樱桃品牌附加值,结合大樱桃电商销售特点,大樱桃气象服务中心为大连全域大樱桃种植户提供专业优质的大樱桃气候品质评价服务,完成了10 家大樱桃种植企业的气候品质"评价＋溯源"服务,微信扫描"农产品气候品质评估"标识中的二维码,便可获得樱桃的"身份信息",进一步增加了产品销售价值,提

升了品牌竞争力。依托金普新区七顶山街道老虎山等大型樱桃批发市场开展大樱桃价格动态通报,助力大连大樱桃销售。

(4)借助国家级气象媒体,助力樱桃文旅宣传

借助行业媒体力量,不断唱响"大连大樱桃"品牌。每年5月底联合市现代农业中心通过"中国天气网"向全国发布大连大樱桃成熟期预测产品"樱桃熟了",列出了大樱桃主流品种成熟期预测时间表,腾讯、网易等多家国内主流媒体同时转载,为大连露地大樱桃面向全国的产销打响前奏。为大连国际大樱桃节、普兰店大樱桃产业文化节、中国大樱桃产销研专家论坛、旅顺大樱桃节等文化活动提供精准气象服务的同时,通过国家级气象行业媒体发布宣传稿件,让全国人民了解大连大樱桃产业文化。"车厘子的另一种'自由',特色农业服务的新未来""藏粮于技让智慧气象扎根田间"等大樱桃气象服务报道通过中国气象报等媒体传播到全国各地。

3.3.9.3 服务展望

加大对设施大樱桃生产气象服务技术研发,特别是日光温室内温湿度预测技术的研发,改善设施大樱桃生产环境。增加大樱桃产区小气候自动气象站数量,以提高农业气候和气象灾害风险区划的精细化程度。

大连市气象部门将继续延展气象服务大樱桃产业的链条,将与龙头企业合作开展大樱桃培苗繁育气象服务技术研究;与保险机构合作开展大樱桃气象保险指数研究,助力保险行业支持大樱桃产业发展;开展大樱桃气候品质评价等地方标准申报,推进构建气象服务大樱桃各环节技术标准;积极筹备申报"中国气候好产品"国家气候标志农产品,不断提高气象服务产品的科学性和平台支撑能力,为大连大樱桃产业蓬勃发展贡献气象力量。

3.3.10 武汉蔬菜全生育期气象保障服务

3.3.10.1 背景意义

蔬菜产业是武汉市农业的支柱产业,在武汉市委市政府的领导下,得到快速发展。全市常年菜园达 65 万亩(不含水生蔬菜),播种面积 254 万亩,蔬菜总产量达到 688 万 t,产值 210.9 亿元,占种植业产值的 66.7%,占农业总产值的 37.7%,蔬菜自给率已达到 73.0%,对改善城市生态环境、满足市民日常生活需求和提高农民收入发挥了重要作用。2022 年武汉农业气象试验站加大蔬菜气象服务需求的调研力度,完善蔬菜气象服务指标体系,强化与涉农部门合作,拓展直通式气象服务渠道,加强科研成果的转化应用,提升都市城郊特色农业气象服务的质量和效益。

3.3.10.2 技术方法

(1)面向农业管理人员和农业种植大户开展蔬菜气象服务需求调研

利用武汉市蔬菜新品种现场观摩会,面向全市市、区的农业技术推广主要负责

人、技术骨干、蔬菜种植大户等100余人开展蔬菜专项气象服务需求调研。填写蔬菜气象服务需求调查表,统计分析调查结论,深入了解蔬菜全生育期气象服务需求调研。

(2)优化蔬菜小气候监测站网

结合科研项目需要和服务需求,调整蔬菜监测站网。在武汉市农科院蔬菜所露天及单层塑料薄膜分别布设小气候监测站,联合蔬菜所开展黄瓜霜霉病监测;在蔡甸区和恩施半高山地区洪山菜薹种植基地布设两套小气候监测站,开展洪山菜薹全生育期观测。

(3)强化与武汉市农技推广中心合作,制作系列蔬菜专题气象服务产品

围绕蔬菜生产,2022年,武汉农业气象试验站与武汉农业技术推广中心陆续联合开展调查3次,发布6期武汉蔬菜气象服务专报。其中:2022年7月26日和8月12日针对晴热高温天气分别制作发布《8月10日前我市大部高温少雨　需防范高温干旱对蔬菜生产的不利影响》《八月中下旬我市以晴热高温天气为主　需防范高温干旱对蔬菜生产的不利影响》服务产品,运用一体化平台制作逐日高温预报图,丰富了产品内容;8月下旬高温逐步缓解,两部门于2022年8月24日联合发布《高温缓解蔬菜需加快秋播育苗进度》服务产品,提醒种植户创造条件加快蔬菜秋播育苗进度;8月26日针对武汉名优产品——洪山菜薹制作专题服务产品;9月14日针对蔬菜虫害制作《秋高气爽,注意防治蔬菜害虫　确保蔬菜供应》专题产品;9月28日针对蔬菜病害制作《降温降水　谨防蔬菜病害来袭》专题产品。

(4)业务科研结合,推进科技成果转化应用

2022年利用《小菜蛾气象等级预报技术研究》《设施双季莲藕种植气象保障技术研究及应用》等科研项目研究成果,开展春季蔬菜小气候气象等级预报服务,莲藕适宜播种期服务。此外,利用农业气象服务指标体系,2022年开展蔬菜农业气象灾害预警5期、露地蔬菜适宜播种期服务、设施蔬菜揭膜期气象服务。促进科技成果向业务转化应用。

第 4 章

生态和生活型都市农业的气象保障技术

随着城市化、工业化、信息化的快速发展,现代农业产业结构发生了根本性变化。应运而生的都市生活农业和生态农业已经成为城市经济发展的重要产业、城市农业系统的重要组成部分和城市文明的重要基础,其发展给气象行业带来了新的机遇与挑战。面对都市农业的快速发展,农业气象服务的供给体系不断变化,增强供给结构的适应性和灵活性,提升气象在都市农业生态生活领域的保障能力,是推动农业现代化发展和实现经济发展的重要手段。为此,气象行业在部门联合、技术发展、模式创新等方面进行了广泛的尝试,并取得了显著的成效。

4.1 服务模式

都市农业除具有生产、经济功能外,同时具有生态、观光、社会、文化等多种功能。其作为城市的藩篱和绿化隔离带,防止市区无限制地扩张和摊大饼式地连成一片;作为"都市之肺",防治城市环境污染,营造绿色景观,保持清新、宁静的生活环境;作为市民与农村交流、接触农业的场所,有助于保持和继承农业和农村的文化与传统。针对都市农业在生态服务、生活参与两方面的属性和延伸价值,气象部门主动对接服务需求,在都市赏花赏景、生态健康、高品质都市生活等方面开展技术研发和服务探索,逐步形成了面向都市生态与生活的具有我国特色的农业气象服务模式。

(1)气象服务融入都市乡村旅游

农业作为城市文化与社会生活的组成部分,通过农业活动提供市民与农民之间的社会交往,精神文化生活的需要,如观光休闲农业和农耕文化与民俗文化旅游。近年来,随着旅游服务行业的不断发展,多地政府已将当地特色、规模化植物开花盛放等物候时节开发成特色旅游项目之一,随之对花期等物候气象服务的需求逐年增多,市场需求的不断扩大,使得气象旅游预报和服务产品日益增加。气象部门基于植物花期的特征,建立气象条件与植物物候期的相关关系,形成开花、转色等物候模型,开展景观花卉和红叶变色等观赏预报服务产品,为市民提供赏花赏景气象服务及旅游指南,助力美丽乡村建设。

(2)气象服务助力城市生态良好

农业作为绿色植物产业,是城市生态系统的组成部分,它对保育自然生态,涵养水源,调节微气候,改善人们生存环境起重要作用。同时,绿化植物选择不当、配置模式不科学、管理方式不合理也会威胁人居环境。针对这两方面需求,气象部门一方面开展以评估对人与自然影响为目标的作物生长期监测预测气象服务,为人与自然融合发展服务。以农产品气候品质评估为例,气候品质既是对农产品品质的认定,也是对当地保持优美生态环境最好的肯定。另一方面开展以生态治理为目标的农作物种植影响气象服务。以植源性污染预报为例,绿植本身产生的物质含量在达到某种程度时,会对人体和环境产生不利影响,针对植源性污染开展预报及针对性建议,可以有效降低过敏性疾病的发生,并降低火灾发生概率,保障都市居民人身和财产安全。

(3)气象服务保障农民生产生活

随着都市农业的发展和"新农人"创业投入农业,农业生产理念以及生产方式发生了根本变革,都市农业已经从"经验＋体力"逐步转变为"规模＋科技",传统"小农"养家糊口转变为"商业"农业。农业新业态的出现,带来了机遇,也出现众多挑战,一方面,随着"50后""60后"老一代农民逐步退出,"新农人"缺少经验和种植技术,种植风险高;另一方面随着投资和规模增大,个体抗自然和市场风险能力弱。针对都市农业发展中出现若干问题,气象部门聚焦农业保险,积极探索"气象＋保险"新模式,创新保险险种及赔付模式,赋能农产品产销关键环节,提升农业抗风险能力,保障农民生产效益和生活质量。

4.2　应用技术

4.2.1　景观园林花卉物候期预报技术

天气气候决定植物物候,而植物物候反映天气气候变化。植物物候,包括植物的发芽、展叶、开花、叶变色和落叶等,是植物长期适应气候与环境的季节性变化而形成的生长发育节律。植物物候变化的驱动因素主要分为植物内在生理因素和外界环境因素。生理因素主要包括基因调控、激素调节、系统发育等,通常侧重于植物物候的遗传基础和自然选择研究;而外界环境因素主要包括气候因素、土壤因素和生物因素,其中气候是最重要、最活跃的环境因子。因此,植物物候可以作为天气气候变化对植物生长发育影响的感应器,同时基于植物对外部环境因子的响应机制而建立的植物物候模型,可以模拟和预测植物的物候进程,为开展园林花卉等植物观赏期预报提供了可能。

物候模型是预测植物物候期的有效方法。当前国内外运用的物候模型主要包括静态模型(也称统计模型)和动态模型(也称过程模型)。静态模型利用统计学方法直接拟合植物物候期与外部环境因素(如地理位置、气候条件等)之间的关系。分析物候变化与气候因子的关系时常用相关分析和回归分析方法;划分不同植物的物候类型时常用聚类分析方法;分析不同植物类型的物候变化的差异显著性时常用方差分析方法;分析影响因子的权重时用主成分分析法等;静态模型可以在一定程度上反映出植物物候与气候的相互关系,但缺乏对植物内在生理机制的考虑,导致模型缺乏真实性。动态模型,侧重于探索植物各物候期发生条件和阈值,通常以植物的生理生态过程为基础,根据生理发育时间恒定的原理,引入重要的遗传参数,由这些参数的相互作用共同决定每日生理效应的大小,通过数学算法来模拟植物的生理发育时间。目前较为常用的过程模型是基于积温理论的热时模型。尽管过程机理模型能够反映物候期对温度的非线性响应,却只能包含有限数量的生理过程,需要大量物候资料来拟合它们的参数。随着相关参数数量的增加,模型复杂性急剧增加,不但模拟结果精度降低,也对模型的比较验证造成一定困难,导致无法基于物候记录数据对未来物候变化做出准确的预测。随着智能感知、物联网、大数据、云计算等技术的发展,在大数据、大模型支持下,物候期智慧预报与服务模型将达到快速发展,有效弥补物候期长序列数据的不足。

4.2.2 农产品气候品质评估及溯源技术

随着社会经济的发展和人民生活水平的不断提高,消费者对农产品的需求已由"量"转为"质",对农产品的质量安全和生长环境提出了更高要求。农产品认证是当前国际通行的农产品和食品品质安全管理手段。农产品质量的形成除自身品种决定外,还会受到生态环境、田间管理等因素影响,其中气象条件(如温度、光照及降水等)是影响农产品质量的主要生态环境因素。农产品气候品质评价正是适应了这种要求,把天气气候对农产品品质影响的优劣等级做出评定,消费者可以通过查看气候品质评价标识及生产全程溯源信息方便快捷地了解到农产品种植基地周边的气候环境情况。农产品气候品质评估及溯源是提高农产品品质和声誉、增强市场竞争力的一项重要手段。

农产品气候品质评估是指依据农产品品质与气候的密切关系,设定气候条件指标,建立认证技术标准,最终综合评价确定气候品质等级。农产品气候品质评价主要包括认证资料、评价方法及评价报告三个部分。认证资料要求申请评估农产品应是具有地方特色和一定的种植规模,且以常规方式种植的生产区域范围内的初级农产品,农产品品质应主要取决于独特的地理环境和气候条件,涉及农产品资料和气象资料两部门,其中农产品资料包括农产品的名称、品种、品质指标、生产基地信息;气象资料应是代表该农产品生产区域和影响该农产品生产的时间范围内的资料,报告气温、降水量、空气相对湿度、日照时数、土壤温度、土壤相对湿度、太阳辐射等与认证农产品品质密切相关的气象因子。评价方法涉及获取农产品品质数据、筛选气候品质指标、建立农产品气候品质评价模型、划分农产品气候品质等级四个步骤。需要通过田间试验、文献查阅等方法来获取表征农产品品质的生理生化指标和外观指标等品质数据;需要基于农产品的生物学特性,耦合表征品质的生理生化指标、外观指标和同期气象数据,应用相关分析等方法,筛选影响品质形成的关键气象因子构建气候品质指标;评价模型需要将气象因子指标进行等级划分并采用主成分分析、熵权、专家决策等方法赋予因子权重,通过加权求和得到评价指数。品质等级按特优、优、良、一般四级进行划分。评估报告主要包括农产品的名称、委托单位、气候品质认证标识、农产品认证区域和生产单位的概况、农产品生长期主要天气气候条件分析、评价等级、报告适用范围及认证单位等。

气候品质溯源主要通过二维码、数据管理和传输技术,实现对农产品生产过程中环境监测数据以及品种、栽培管理、气象灾害、喷药记录、检测报告等系列数据的上传、加工、展示等功能,形成覆盖农产品全生命周期内的信息追溯系统。溯源系统基于云平台开发,面向农产品种植企业,帮助企业将农产品种植过程信息和产品附属核心、重要信息,通过产品包装的二维码向购买的消费者进行阐述、说明和溯源,为企业推广产品提供溯源工具和平台支撑。溯源侧重于初级农产品质量安全相关信息,不涉及工业生产、销售、物流等环节信息。

4.2.3　植源性污染预报技术

随着城市化的发展和人们生活水平的提高,城市绿化面积、树种及景观多样性在不断增加,城市居民可以更方便地走进森林、绿地,享受绿化建设带来的丰富多彩的生态福利,生活品质得到了显著改善,由此可见,城市绿化的目的是除了构建良好的生态环境外,更多的是给人们提供清新整洁的工作和生活环境。因此,绿植的选择除了要具备净化空气、土壤、水体等功能以外,植物体本身不能给居民的日常生活及人体健康带来影响。例如植物体的分泌物、附着物,虽然作为植物的繁殖、防御等生物学特性之一,不会对自然环境产生危害,但达到一定程度后对人体可能会产生危害。这一类由于绿色植物本身产生的物质达到某种程度,而对人体和环境产生不利影响的现象,称作植源性污染。例如:花粉污染、飞毛飞絮污染等。

花粉是一类主要的致敏原。花粉中含有的油质和多糖物质被人吸入后,被鼻腔黏膜的分泌物消化,释放出多种抗体,当抗体与花粉相遇,并大量积蓄,就会引起过敏反应。花粉污染主要以风媒花粉为主,这类花粉既小又轻,数量众多,风吹即大量飘浮在空气中。花粉污染有明显的季节性变化,春季以树木花粉为主,夏季以牧草类及禾本科作物花粉为主,秋季以杂草类花粉居多。影响花粉的气象因子很多,比如气温、湿度、风速、降水、气温的日较差等。气候温和适中有利于植物生长,使花粉量及品种增多;无风或微风天气花粉飘散受限制,有风时易于花粉远扬,风力过大或持续时间过久,容易把本地区的成熟花粉迅速吹至远方,甚至把花粉囊吹落,使局部地区花粉量骤然下降;降水充沛时,植物生长旺盛,花粉量也增多,而植物在受粉期遇阴雨天气,空气湿度大,花粉作为凝结核会吸收水汽,飘落在树木周边,而遭遇雨水冲刷,尤其是大雨或暴雨过后,空气中花粉量迅速减少。因此花粉的预报手段主要是在掌握本地花粉分布特点及规律的基础上,通过花粉观测数据与气象因子统计分析以及物候分析,进行花粉浓度等级预报。

飞毛飞絮虽不是致敏原,但其爆发季节与大量风媒花粉重叠,加之飞毛飞絮轻柔,裹挟花粉,随风飘浮,有利于花粉大量传播,此外,飞毛飞絮容易引发火灾、影响工业生产和科研活动、影响交通安全和公共设施、引起农作物减产,因此飞毛飞絮也是一类重要的植源性污染。飞毛飞絮以悬铃木、杨柳科雌性个体为主,主要集中在春季,飞毛飞絮的扩散扬飞与温度、空气湿度、光照等气象条件有关。干燥、温暖和阳光充足的天气有利于飞毛飞絮从植物上脱落和飘散,并且气温越高、光照越强,越有利于植物芽与花的形成和成熟,在气候适宜的条件下,飞毛飞絮的生成量便会增加。相反,阴雨天气和空气较潮湿时微小的飞毛飞絮容易发生沉降,在被雨水冲刷后的空气中飞毛飞絮量会明显减少。阴雨寡照的天气条件下,不利于果实的成熟。可见,飞毛、飞絮的预报与前期及未来的气象条件密切相关,通过监测植物的物候进程,分析构建飞毛飞絮与气象条件的统计关系,进而进行开展飞毛飞絮的浓度预报,可以指导园林、消防、卫健等部门以及广大市民开展针对性的季节防护。

4.2.4 农业气象指数保险技术

农业保险是分散和转移农业气象灾害的有效手段,是保障农业可持续发展的一项重要举措。传统的农业保险产品由于存在道德风险、逆向选择和高成本等问题,制约了农业保险的快速发展,随着地面气象观测站网密度增加、卫星遥感监测技术的发展,农业气象指数保险得到快速发展,它是将特定时段内某一种农业气象灾害对农作物造成的损害程度,以客观监测到的与被保险农作物产量或收入高度相关的气象指数表示出来,作为保险理赔依据的农业保险模式或产品。与传统的农业保险相比较,气象指数保险具有降低道德风险、避免逆向选择、简化保险程序、降低交易和查勘定损成本等优势。

气象指数保险的关键是准确了解和掌握气象灾害与被保险农作物损失之间定量的相关关系。在进行气象指数的设计时需要关注以下几点：一是对于启动保险理赔的不同等级的气象灾害具有明确的定义；二是需要精确估算气象灾害风险的出现概率；三是充分考虑到农作物在不同的生长阶段对气象灾害的敏感程度；四是指数的设计以及保险赔付标准应当存在相应的空间差异；五是每种指数只针对一种特定的农作物品种，还要注意到农业技术措施的差异；六是指数可以是单一的气象要素，也可以由几种气象要素组合而成；七是充分考虑土壤质地的差异，如土壤质地对降水有效性的影响；八是指数设计尽可能直观并且简单明了，便于培训推广应用，增强参保意愿。

气象指数保险对于农业生产的减灾防灾具有重要作用，但在实际应用中，仍然面临着很大的挑战，即出现气象指数不能准确地反映出灾害所造成的损失程度，产生基本风险。基本风险主要有三个来源：时间基本风险、空间基本风险、作物种类及农技措施基本风险。其中时间基本风险是指同一种不利气象条件对作物的影响程度是随着时间（生长阶段）的变化而有所不同，同时还存在"影响滞后"现象，这就需要在设计指数时通过分阶段指数、增加或替换为指示性较好的指标来消除和降低保险的时间基本风险；空间基本风险是由于气象要素在空间分布上的变化和不连续性，导致气象观测站点观测到的气象要素值与灾害发生地的实际情况不一致，影响准确理赔，可以通过加大地面气象观测站网密度、引入卫星遥感获取指数部分参数、针对不同空间尺度采取不同的灾害监测方法及指数产品设计等方法降低空间基本风险；作物种类及农技措施基本风险是由于农作物是否受灾及受灾程度与不同农作物品种及农业技术措施所产生的抗逆性有关，这就要求设计农业气象指数时，每一种指数只针对一种特定的作物品种，并充分考虑农技措施的改进对指数产生的影响，这样可以有效降低相关风险。

4.3　案例

4.3.1　广州木棉花花期预报服务

4.3.1.1　背景意义

木棉又名红棉、英雄树、攀枝花，木棉科木棉属，多生长在热带及亚热带地区。广州木棉花有 2000 多年的栽培历史，1931 年起被选为广州市花，其花期为 3—4 月，每年的3—4月被定为"红棉花季"。开展木棉花期预报气象服务,建立花卉花期预报模型,及时准确地预报木棉的花期,对于广大市民游客选择赏花时机、花前园林管理、接待游客准备工作、开发相关旅游资源等具有重要的指导意义。

4.3.1.2 技术方法

广州市木棉花期观测具有较长时间的历史,木棉的观测地点位于广州市从化站,《农业气象观测规范》(中国气象局,1991)规定木本花卉花期观测标准:观测树上有一朵或同时几朵花瓣开始完全开放为始花期、一半以上花朵展开为盛花期、花朵凋谢脱落留有少数花为末花期。收集到的数据时段为1981—2010年共30 a的花期数据。

根据前人研究木棉花期与开花前气象条件的关系可知,显著影响木棉盛花期的气象要素主要是气温,还有日照时数和降水。因此,选取从化木棉盛花期前3月内的逐月平均气温、平均最低气温、平均最高气温、降水量和日照时数与盛花期日序进行相关性分析,选取显著影响盛花期的要素,构建回归模型。

(1)木棉花期预报因子的选取

选取1981—2008年从化木棉盛花期前3月内的逐月平均气温、平均最低气温和平均最高气温,以及降水量和日照时数与盛花期日序进行相关性分析。鉴于木棉平均盛花期为3月21日,所以选取当年1—3月的气象要素。一般春季开花的植物,是以积温作为开花的温度条件进行预报,花卉开花前需要一定的热量累积,而木棉各个生长发育阶段的界限温度尚不确定,考虑到广东木棉开花始期气温已稳定通过11 ℃(黄珍珠 等,2006),所以选择≥11 ℃积温(上一年12月1日至平均始花期、当年1月1日至平均盛花期)与盛花期日序分别做相关性分析。

如表4.1所示,木棉花期日序与开花前3月的气温、日照时数成反比,与降水量成正比。盛花期与1—3月的月平均气温、月最高气温,2—3月的日照时数显著负相关,与2月的降水量显著正相关。热量因子中1—3月的平均最高气温和≥11 ℃有效积温相关性最好,所以选取1—3月的平均最高气温、≥11 ℃有效积温、2月的日照时数和2月降水量为木棉盛花期预报因子。

表 4.1 广州市 1—3 月气象因子与木棉花盛花期日序相关性分析结果

气象因子	与盛花期日序相关系数	气象因子	与盛花期日序相关系数
1月平均气温 t_{m1}	$-0.499**$	1月日照时数 s_1	-0.255
2月平均气温 t_{m2}	$-0.607**$	2月日照时数 s_2	$-0.613**$
3月平均气温 t_{m3}	$-0.609**$	3月日照时数 s_3	$-0.472*$
1月平均最高气温 t_{max1}	$-0.531**$	1月降水量 r_1	0.333
2月平均最高气温 t_{max2}	$-0.672**$	2月降水量 r_2	$0.477*$
3月平均最高气温 t_{max3}	$-0.663**$	3月降水量 r_3	0.278

气象因子	与盛花期日序相关系数	气象因子	与盛花期日序相关系数
1 月平均最低气温 $t_{\min1}$	−0.351	1—3 月≥11 ℃有效积温	−0.724**
2 月平均最低气温 $t_{\min2}$	−0.424*	1—3 月≥11 ℃有效积温	−0.758**
3 月平均最低气温 $t_{\min3}$	−0.484*	1—3 月平均最高气温 $t_{\max1\_3}$	−0.823**

注:* 表示在 0.05 水平(双侧)上显著相关;** 表示 0.01 水平(双侧)上显著相关。

(2)木棉花期预报模型构建

以 1—3 月的平均最高气温、≥11 ℃有效积温、2 月的日照时数和 2 月降水量为木棉盛花期预报因子,采用线性回归分析方法,共有 4 种组合,构建了 4 种回归模型,预报因子和预报方程如表 4.2 所示。根据模型拟合结果来看,预报模型 2 与 4 的拟合效果最好。

表 4.2　广州市木棉盛花期预报模型

预报模型	预报因子	预报方程
模型 1	≥11 ℃有效积温 X_1 2 月日照时数 X_2	$Y=126.593-0.122X_1-0.124X_2$　$R^2=0.625$
模型 2	1—3 月平均最高气温 X_1 2 月日照时数 X_2	$Y=228.332-7.349X_1-0.0684X_2$　$R^2=0.690$
模型 3	≥11 ℃有效积温 X_1 2 月日照时数 X_2 2 月降水量 X_3	$Y=123.300-0.120X_1-0.106X_2+0.0144X_3$　$R^2=0.628$
模型 4	1—3 月平均最高气温 X_1 2 月日照时数 X_2 2 月降水量 X_3	$Y=227.387-7.32X_1-0.066X_2+0.0024X_3$　$R^2=0.690$

(3)木棉花期预报模型验证

通过上述构建的木棉花期预报模型,分析对比 1981—2008 年花期预报误差(预报误差＝花期日序−预报值),并对 2009 年、2010 两年进行验证,从验证结果可以看出,预报模型 1 预报误差相对较小,最终选取预报模型 1 为木棉盛花期预报模型。统计及验证结果如表 4.3 所示。

表 4.3　广州市木棉盛花期预报模型验证结果

预报模型	预报因子	预报误差				
		均值	标准差	方差	2009 年预报误差/d	2010 年预报误差/d
1	≥11 ℃有效积温 2 月日照时数	8.4	4.7	21.6	7	3

预报模型	预报因子	预报误差				
		均值	标准差	方差	2009 年预报误差/d	2010 年预报误差/d
2	1-3 月平均最高气温 2 月日照时数	7.8	4.9	23.9	19	−1
3	≥11 ℃有效积温 2 月日照时数 2 月降水量	8.3	4.8	22.9	8	4
4	1-3 月平均最高气温 2 月日照时数 2 月降水量	7.8	4.9	23.9	18	−1

4.3.1.3　服务效益

基于已有研究结果,开展广州木棉花花期预报及赏花指南气象服务(图 4.1)。服务产品在广东及广州天气微信、微博,气象及农业部门官网,以及中国天气网发布推广,为市民出行赏花提供气象服务指引,提高公众对气象的关注度,同时为响应乡村振兴、促进广州生态休闲旅游发展贡献力量。

二、气象因素对木棉花期的影响

2019年广州市木棉花的始花期为1月底至2月初，比2018年花期提早，与2017年花期接近。据气象资料统计，发现2019和2017年木棉开花前的平均气温明显偏高，而降雨量明显偏少，有利于木棉花提前开放。

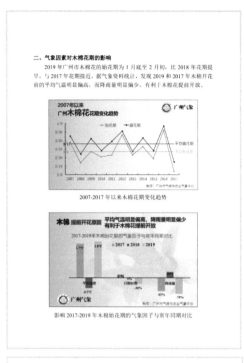

2007-2017年以来木棉花期变化趋势

影响2017-2019年木棉始花期的气象因子与常年同期对比

三、赏花天气及建议

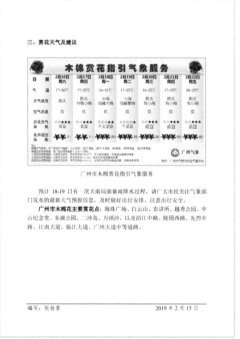

广州市木棉赏花指引气象服务

预计18-19日有一次大雨局部暴雨降水过程，请广大市民关注气象部门发布的最新天气预报信息，及时做好出行安排，注意出行安全。

广州市木棉花主要赏花点：海珠广场、白云山、农讲所、越秀公园、中山纪念堂、东湖公园、三沙岛、万顷沙，以及沿江中路、陵园西路、先烈中路、江南大道、临江大道、广州大道中等道路。

编写：张桂香   2019年2月15日

图 4.1　广州赏花服务专报 2019 年第 3 期:满城木棉花开,红比朝霞鲜

此外,广州气象部门根据收集到的广州市常见花卉花期历史数据、赏花点经纬度资料,基于已构建的花卉花期预报模型,建立了花卉花期服务平台,主要包括赏花地图、花期预报、历史花期、花卉小百科、赏花资讯等模块(图 4.2)。为制作精细赏花指引、游客赏花活动和公园赏花节的开展提供有力的参考。

图 4.2　广州市赏花地图

4.3.2　重庆茶叶开采期预报服务

4.3.2.1　背景意义

西南茶区是我国茶叶的起源地,重庆更是有着 3000 多年的种茶历史,也是人工种植茶树最早的地区,具有悠久的茶叶产销历史。2019 年重庆市茶园面积 5.98 万 hm²,干毛茶总产量 4.13 万 t、总产值 35 亿元。近年来,随着城乡区域协调发展以及先进制造业和现代服务业融合发展,重庆市气象部门助力茶叶区域公共品牌创建,并充分融入以茶叶为主题的生态康养、文化旅游、乡村旅游,积极探索以茶叶开采期气象预报为核心的技术应用,指导茶叶生产决策的同时服务农旅、文旅活动的开展。

4.3.2.2　技术方法

茶叶开采期气象预报采用气象资料为主的统计学方法,以及基于深度学习的图像识别进行开采期判断。统计学方法以阶段积温预报法与逐步回归预报法为基础,建立集成预报模型进行茶叶开采期的预测。对阶段积温预报法与逐步回归预报法得到的日序值通过多元线性回归得到集成预报模型,以期实现阶段积温预报与逐步回归预报方法的优势互补。通过利用阶段积温预报法和逐步回归预报法得到待预测年份日序值,代入集成预报模型获得最终的茶叶预测开采期。图像识别开采期预测法采用了监督学习的方法针对茶叶生育期识别进行建模,在模型的训练阶段需要图像、积温以及其所属的生育期作为标注信息输入模型训练模型参数,从而提高图像识别精度,减少图像出现跨生育期误分类的情况。

(1)开采期集成预报

茶叶开采期预报采用的集成预报方法是通过数学方法客观、定量地对积温预报法与逐步回归预报法的预测结论进行综合集成,构建新的预报模型,得到统计意义下更为准确可靠的预报结论,达到优化单一预报方法的预报结果不稳定性,提高预测准确率的目的。积温预报方法基于阶段积温学说,利用积温统计值进行开采期的判断。逐步回归统计方法是又一研究天气气候条件与作物生育期相关关系的常用数学方法,筛选关键气象因子,利用逐步回归方法建立预测模型,能够较为准确地对作物物候期进行预测。

① 积温预报

统计多年一芽一叶开采期不同下限温度热量条件,变异系数较小的因子为:$\geqslant 0$ ℃积温,变异系数 0.098,多年平均值为 564.4 ℃·d(每年 1 月 1 日开始算起)。因此,采用$\geqslant 0$ ℃积温值作为"巴渝特早"一芽一叶开采期预报标准。

② 逐步回归预报

通过对气象条件与茶叶开采的统计分析,筛选出相关系数较高的平均气温、最高气温以及空气相对湿度三个指标进行回归拟合,得到预报方程如下:

$$Y = 124.883 - 7.212X_1 + 11.223X_2 - 5.053X_3 - 0.544X_4 \qquad (4.1)$$

式中,X_1 为 2 月中旬平均日最低气温;X_2 为 2 月中旬平均气温;X_3 为 2 月中旬平均日最高气温;X_4 为 2 月平均空气相对湿度。

③ 集成预报模型

利用积温模型以及逐步回归模型得到的预测结果,与茶叶开采期日序进行回归拟合,得到集成预报模型如下:

$$Y = 1.63 + 0.127Y_1 + 0.848Y_2 \qquad (4.2)$$

式中,Y_1 为积温预报日序值,Y_2 逐步回归预报模型预测日序值。

(2)图像识别开采期预测模型

采用卷积神经网络(CNN)方法进行图像特征提取,主要采用了卷积(Convolution)和池化(Pooling)的操作。卷积层试图将神经网络的每一个小块进行更加深入地分析从而得到抽象程度更高的特征,具体见第 3 章 3.3.4.2 节图 3.23。假设使用 $w^i_{x,y,z}$ 来表示对于输出单位节点矩阵中的第 i 个节点,卷积核输入节点(x,y,z)的权重,使用 b^i 表示第 i 个输出节点对应的偏置项参数,那么单位矩阵中的第 i 个节点的取值 $g(i)$ 为:

$$g(i) = f\left[\sum_{x=1}^{2}\sum_{y=1}^{2}\sum_{z=1}^{3} a_{x,y,z} \times w^i_{x,y,z} + b^i\right] \qquad (4.3)$$

式中,$a_{x,y,z}$ 为卷积核中节点(x,y,z)的取值,f 为激活函数。通过卷积处理层处理过的节点矩阵会变得更深。池化层神经网络不会改变三维矩阵的深度,但是它可以缩小矩阵的大小。池化操作可以认为是将一张分辨率较高的图片转化为分辨率较低的图片。池化层可以非常有效地缩小矩阵的尺寸,从而减少最后全连接层中的参数,既可以加快计算速度也有防止过度拟合的作用。

输入的图片经过 5 次卷积和 5 次池化得到一个 $13 \times 13 \times 256$ 的输出。采用的卷积层的卷积核大小为 3×3,设置的步长和填充使每次卷积不改变特征图的大小,只增加特征图的个数;而池化操作相当于下采样,使用 2×2 的最大池化,每次使特征图的大小缩小二分之一,但是不改变特征图的数量。经过特征提取,得到尺寸为 13×13 的特征图 256 个。这些特征图就是我们使用卷积神经网络提取到的特征图像。为了与气象数据融合,我们最后采用了 13×13 的均值池化,将 $13 \times 13 \times 256$ 的特征图转换为长度是 256 的向量。

分别使用 CNN 和 BP 神经网络提取白茶图像和气象的特征之后,将图像特征同与之相对应的气象特征进行融合。对于某个图像,将 CNN 提取到的特征与图像日期对应的气象特征进行拼接。经过全连接层和 softmax 激活函数,将向量映射为 4 分类的概率。图像的真实标签按 one-hot 的形式编码,即和分类个数等长的向量,如果属于某类则该元素为 1,其余为 0。用交叉熵损失函数来计算前向网络得到的预测值与真值之间的误差作为损失函数,使用 Adam 自适应优化方法来优化参数。

4.3.2.3　服务效益

重庆市气象部门以巴南银针茶叶产区为试点开展茶叶开采期预报服务,为春茶开采期的预判以及农事准备提供决策依据,为巴南银针产区茶道文化节、茶文化周等文旅项目开展以及采茶节茶叶摘体验活动的部署等提供服务资料。2019 年 3 月,由重庆茶业集团倾力打造的“2019 定心采茶节”在巴南白象山定心茶园盛大启动(图 4.3)。茶叶开采期预测有效服务地方文旅活动与城市近郊农旅发展,切实发挥智慧气象在因地制宜发展现代山地特色高效农业的助力作用,提高农业综合效益和竞争力。

图 4.3　中国西部(重庆)国际农产品交易会授牌仪式 2019 定心·采茶节

4.3.3　京津冀红叶观赏期预报服务

4.3.3.1　背景意义

每年秋冬季节随着气温下降,黄栌、枫树、火炬树等观赏树木叶片里的叶绿素会被不断分解,而花青素却大量增加。与此同时,叶子运输糖类和水分的能力减弱,葡萄糖不断累积,浓度越来越高,使得细胞呈现酸性,而花青素在酸性条件下会变红,树叶就由绿转黄再变红,红叶观赏成为一道美丽的风景。随着越来越多的民众走出城市,走进自然,秋季红叶游悄然兴起,各地景区也围绕红叶做足了文章,让美丽风光转化为美丽经济。然而,我国地域辽阔,南北气候差异明显,各地入秋时间不尽相同,年际间变化也比较明显,如何精准预报红叶观赏期,助力景区开展红叶文化旅游活动,引导游客适时游览,是气象部门围绕民众需求开展特色气象服务的具体体现,也是气象服务的多元创新。红叶预报为保障"红叶经济",提升游客旅游体验提供了有益参考和帮助。

4.3.3.2　技术方法

红叶受地理和气候因素的影响较大,气温的高低、日照的多寡、秋风的缓急、雨水的亏盈,区域的不同都会让植物叶片变红的速度、面积有所不同。其中气温对红叶的影响最为密切。气温可以影响枫叶中叶绿素、叶黄素、胡萝卜素和花青素的含量,当叶绿素合成受到影响并逐渐消失,耐低温的叶黄素、花青素等色素颜色就会逐渐显现,从而使得叶片变色。低温有利于叶绿素的分解并促使根系吸收利于叶片变色的微量元素,气温日较差越大对叶片变色越有利。当树叶变色率为 $10\% \sim 30\%$,叶子处于发黄状态,此时进入初红期;当树叶变色率为 $30\% \sim 60\%$ 之间,叶子处于红黄和橙红之间的状态,此时处于斑红期;当树叶变色率超过 60%,叶子全部处于深红、暗红或紫红色状态,此时处于红叶的最佳观赏期。

(1)红叶观赏期气象预报模型

$$F = F_1 + F_2 + F_3 + F_4 \qquad (4.4)$$

式中,F 为红叶观赏期气象预报指标;F_1 为三日滑动平均气温因子;F_2 为三日滑动平均最低气温因子;F_3 为三日滑动平均气温日较差因子;F_4 为初霜日因子。各因子的取值规则见表 4.4。

表 4.4　京津冀红叶观赏期气象因子取值规则

因子取值	因子取值规则				
	三日滑动平均气温因子 F_1	三日滑动平均最低气温因子 F_2	三日滑动平均气温日较差因子 F_3		初霜日因子 F_4 判别指标:日降水量
			变色阶段	落叶阶段	
-0.625	$\leqslant 8$	$\leqslant 0$	——		——
-0.375	——	——	——	>15	——

因子取值	因子取值规则				
	三日滑动平均气温因子 F_1	三日滑动平均最低气温因子 F_2	三日滑动平均气温日较差因子 F_3		初霜日因子 F_4 判别指标:日降水量
			变色阶段	落叶阶段	
−0.250	>15	>10	——	[12,15)	——
−0.125	——	——	<7	[9,12)	——
0.000	——	——	[7,9)	[7,9)	变色阶段未出现初霜
0.125	(12,15]	(6,10]	[9,12)	<7	——
0.250	(3,5]	(0,3]	[12,15)	——	变色阶段出现初霜
0.375	——	——	>15	——	——
0.625	(5,12]	(3,6]	——	——	——

(2)红叶初红期气象预报模型

$$F_c = \begin{cases} 1 & F \geqslant 0.8 \\ 0 & F < 0.8 \end{cases} \tag{4.5}$$

式中,F_c 为红叶初红期气象预报指标,红叶初红期历史平均时间前 20 d 开始滚动计算,F_c 为 1 的当天为红叶进入初红期的日期;F 为红叶观赏期气象预报指标。

(3)红叶最佳观赏期气象预报模型

$$F_z = \begin{cases} 1 & E \geqslant 165 \ ℃ \\ 0 & E < 165 \ ℃ \end{cases} \tag{4.6}$$

式中:F_z 为红叶最佳观赏期气象预报指标,每年红叶初红期后,F_z 为 1 的当天为红叶进入最佳观赏期的时间。E 为每年红叶初红期起大于红叶树种生物学零度(0 ℃)的有效积温(℃·d)。

(4)红叶落叶期气象预报模型

$$F_L = \begin{cases} 1 & F \leqslant 0.5 \\ 0 & F > 0.5 \end{cases} \tag{4.7}$$

式中,F_L 为红叶落叶期气象预报指标,每年最佳观赏期开始后,F_L 为 1 的当天为红叶进入落叶期的日期;F 为红叶观赏期气象预报指标。

(5)红叶适宜观赏结束时间气象预报模型

$$F_O = \begin{cases} 1 & \overline{F_5} < 0.8 \\ 0 & \overline{F_5} \geqslant 0.8 \end{cases} \tag{4.8}$$

式中,F_O 为红叶适宜观赏结束时间气象预报,每年红叶进入落叶期后,$\overline{F_5}$ 为 1 的当天为红叶适宜观赏期结束;$\overline{F_5}$ 为红叶观赏期气象预报指标 F 的五日滑动平均。

4.3.3.3 服务效益

天津、北京、河北三地气象部门于每年 9 月启动京津冀红叶观赏期预报服务,预报在实际物候观测的基础上,充分考虑前期气象条件及未来天气趋势,并利用全国格点预报服务产品及陆面数据同化系统(CLDAS)实况数据产品,形成京津冀0.05°×0.05°网格分辨率的红叶初红期、最佳观赏期、落叶期预报产品,进行逐日滚动预报,为后续制作专题服务材料提供业务指导和技术支撑。图(4.4)为2022年10月8日制作的京津冀红叶初红期网格预报产品,提供未来10 d红叶初红趋势预测。

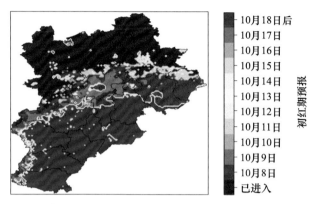

图4.4　京津冀红叶初红期网格预报业务指导产品(2022年10月8日)

红叶观赏期气象预报服务材料包括前期天气概况及影响分析(气温、光照、降水、大风、阶段性天气过程等),红叶初红期分析,红叶最佳观赏期预报及分析,未来天气预测及红叶落叶期预报分析,未来气象条件下相应红叶观赏游玩建议(图4.5)。

京津冀都市生态气象服务专报

2021 年第 3 期

天津市气候中心
北京市气候中心
河北省都市现代农业气象中心　　　　　2021 年 10 月 14 日

2021 年京津冀红叶观赏期预报

摘要: 红叶变色的时间受气象条件影响显著,年际间变化较大。今年9月以来京津冀大都市地区出现多次连续性降雨天气,导致红叶初红期时间较去年偏晚 5-12 天。目前张家口北部已进入斑红期,北部燕山地区即将进入斑红期。预计 16-17 日京津冀地区有一次大范围阶段性降温过程出现,此次降温过程将加速北京、天津及河北中南部地区红叶变色速率,京津冀地区将于 10 月下旬后陆续迎来红叶最佳观赏期(红叶比例超过 60%)。

一、　前期天气概况及影响分析

　　红叶的变色时间受地理和气候因素的影响较大,气温的高低、日照的多寡、秋风的缓急、雨水的丰歉、海拔的不同都会让植物叶片变红的速度、面积有所不同,根据历年红叶物候观测和气象资料的统筹分析来看,不同气象要素中气温对红叶的影响最为密切,气温可以影响枫叶中叶绿素、叶黄素、胡萝卜素和花青素的含量,当叶绿素合成受到影响并逐渐消失,耐低温的叶黄素、花青素等色素颜色会逐渐显现,从而使得叶片变色。低温有利于叶绿素的分解并促使根系吸收

图1 2021年京津冀红叶初红期预报

斑红-正红期（红叶比例超过 60%）： 红叶的斑红-正红期又称红叶的最佳观赏期，最佳观赏期一般出现在初红期后的 7-10 天，与初红期后晴好天气条件下的阶段性降温和初霜日时间密切相关。目前张家口北部已进入斑红期，北部燕山地区即将进入斑红期（图2）。根据京津冀地区未来一个月的气候趋势预测结论，未来 1 个月京津冀地区总体以晴好天气居多，气温较常年略偏低，北部地区降水较常年偏少，南部地区降水较常年略偏多。16-17日京津冀地区有一次大范围阶段性降温过程出现，此次降温过程将加速北京、天津及河北中南部地区红叶变色速率，缩短初红-斑红阶段的变化时间，北京、天津红叶最佳观赏期（红叶比例超过 60%）出现时间与常年基本持平，河北南部红叶最佳观赏期出现时间较常年有所提前。预计 10 月 30 日-11 月 4 日前后，京津冀大部地区有一次冷空气过程，北部燕山地区将出现雨

雪天气，并于11月上旬陆续进入红叶落叶期（图3）。北京、天津和河北中部地区红叶最佳观赏期将持续到11月中旬后。

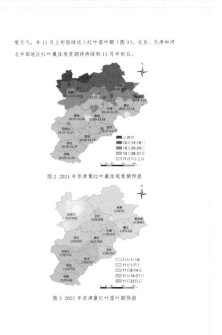

图2 2021年京津冀红叶最佳观赏期预报

图3 2021年京津冀红叶落叶期预报

图 4.5　2021 年京津冀都市生态气象服务专报第 3 期(第 1、3、4 页)

京津冀红叶观赏期预报服务产品获得社会广泛关注,预报产品在 CCTV-1 综合频道和 CCTV-13 新闻频道的"新闻联播天气预报"(图 4.6)及"朝闻天下"栏目播出,同时香港凤凰卫视也针对红叶观赏时间和红叶形成原理进行了专题报道。京津冀多家媒体转载,成为抖音、微博等新媒体热议话题。

图 4.6　2021 年京津冀红叶观赏期预报在央视播出

4.3.4　北京果品气候品质评估

4.3.4.1　背景意义

果品气候品质评价认证是依据气象观测资料,调查认证区域的果品情况和经营主体的生产情况,对影响果品品质的气候条件优劣等级进行客观综合评分,它和无公害、绿色、有机等认证一样,是农产品畅销的重要凭证。果品气候品质认证作为气象科技助力乡村振兴的重要工作,融合气象大数据应用,实现了果品品质定量化评价,有助于发展精细农业、高效农业、绿色农业,有利于提升果品质量和市场知名度,增强品牌效应,保障果农实际收益。

4.3.4.2　技术方法

果品气候品质评估技术通常采用统计学指标和数学模型对特定区域、特定时间内生产的特定品种果品品质的优劣等级进行综合评分。评分要素主要包括果品经营主体立地条件、当年气候资源条件和经营主体生产管理水平三部分组成。经营主体立地条件是指植物生长所需的气候、地貌、土壤条件等各种外部因子的综合体现,根据立地条件对果品生产的影响,将其划分为不同等级并赋予分值。果品当年度生长气候条件是影响农产品品质的重要生态环境因素,果品生长气候条件得分由果品生长气候资源评分和气象灾害评分两部分组成。其中气候资源主要包括果品生长关键期的降水量、气温、积温、日照时数等影响品质形成的关键气候要素,气象灾害主要包括果品生长关键期的低温冷害、霜冻、冰雹、大风等对品质形成带来不利影响的关键气象灾害。果品经营主体生产管理条件对果品品质的影响主要由经营主体的管理水平、管理措施以及实施成效决定。果品经营主体生产管理条件的评定标准主要包括以下内容:果品生产技术标准与安全生产规范制定执行情况、当年果品"三品"认证情况、当年果品品质指标现场抽检情况。本节以北京地区为例,介绍果品气候品质评估的技术方法和评估流程。

(1)评估流程

北京地区果品气候品质认证技术研究与应用由北京市气象部门牵头,并邀请在京院校农林业气象专家、有关委办局农业气象管理人员以及一线种植专家和经营人员共同组成果品气候品质认证专家库,共同参与认证各个环节工作。主要工作流程如下:①由各区气象部门及农业相关部门组织合作社、企业等根据实际需求提出认证申请;②北京市气象部门联合北京市园林绿化局对提出申请的经营主体进行考察、调研,最终确定委托认证生产经营主体(合作社、企业);③北京市气象局业务人员联合各区局业务人员陆续开展实际调研、文献搜索、数据整理等工作,并初步完成认证技术标准;④召开认证技术标准研讨会对初步制定的技术标准进行修订;⑤根据专家意见对技术标准进行修改,并确定最终版技术标准;整理当年度气象数据,结合技术标准对当年度果品进行打分、认证,并撰写认证报告;⑥再次召开专家讨论会,对认证报告进行修改,确定最终认证结果和认证报告,并完成相关服务产品的制作和印刷;⑦完成特色果品气候品质认证服务效益评估工作。

(2)评估技术指标

北京地区果品气候品质认证技术采用加权评分方法(百分制)对特定区域、特定时间内生产的特定品种果品品质的优劣等级进行综合评分。评分要素包括果品经营主体立地条件(权重20%),当年气候资源条件(权重50%)和经营主体生产管理水平(权重30%)三部分组成。其中,得分大于或等于90分为"特优"等级,得分介于80分与90之间为"优"等级,得分低于80分时不予以认证。

果品气候品质认证评分标准公式如下:

$$W = 0.2X_1 + 0.5X_2 + 0.3X_3 \tag{4.9}$$

式中:W 为认证总得分,X_1、X_2、X_3 分别为立地条件得分(满分100分)、当年气候资源条件得分(满分100分)以及生产管理水平得分(满分100分)。$W \geqslant 90$ 分为"特优"等级,$80 \leqslant W < 90$ 分为"优"等级,$W < 80$ 分不予以认证。

① 经营主体立地条件

经营主体立地条件是指植物生长所需的气候、地貌、土壤条件等各种外部因子的综合体现。在此,我们根据立地条件对果品生产的影响,将其划分为适宜、基本适宜和不适宜三个等级。其中,果品所在区域为适宜等级时,得分为100分;果品所在区域为基本适宜等级时,得分为 90 分;果品所在区域为不适宜等级时,得分为 80 分。

② 果品当年度生长气候条件

当地、当年气候条件是影响农产品品质的重要生态环境因素。气候品质认证技术标准中,果品生长气候条件得分(X_2)由果品生长气候资源评分(α)和气象灾害评分(β)两部分组成。评分公式为:$X_2 = \alpha\beta$。其中气候资源主要包括果品生长关键期的降水量、气温、积温、日照时数等影响品质形成的关键气候要素,气象灾害主要包括果品生长关键期的低温冷害、霜冻、冰雹、大风等对品质形成带来不利影响的关键气象灾害。

果品生长气候资源评分公式为:

$$\alpha = \sum_1^n a_n \alpha_n \tag{4.10}$$

果品生长气象灾害评分公式为:

$$\beta = \sum_1^n b_n \beta_n \tag{4.11}$$

式中:a_n 为第 n 个关键气候要素的权重值,α_n 为第 n 个关键气候要素得分;b_n 为第 n 个关键气象灾害的权重值,β_n 为第 n 个关键气象灾害得分。

③ 果品经营主体生产管理条件

生产管理条件对果品品质的影响主要由经营主体的管理水平、管理措施以及实施成效决定。具体评分计算公式如下:

$$X_3 = 0.6\gamma_1 + 0.2\gamma_2 + 0.2\gamma_3 \tag{4.12}$$

式中,γ_1 为果品生产技术标准与安全生产规范制定执行情况,权重占比 60%。若果品生产经营主体制定有严格的生产技术标准规范文本并能够遵守,且能够对当年生产管理措施进行详细的记录,制定安全生产规范并由具体负责人操作实施,则此项得 100 分;若果品生产经营主体制定生产技术规范,能够基本执行,对当年果品的生产管理措施有一定记录,基本能够落实经营主体事先规定的安全生产规范,则此项得 90 分;若果品生产经营主体并未制定生产技术规范,或制定后生产管理不能严格执行,或对当年果品生产措施无记录,没有制定落实果品规定的安全生产规范,则此项得 80 分。γ_2 为当年果品"三品"认证情况,权重占比 20%。果品生产经营主体获得"有机"认证此项可得到 100 分,获得"绿色"认证此项得到 90 分,"无公害"认证此项可得到 80 分。γ_3 为当年果品品质指标现场抽检情况,权重占比 20%。检验单位对认证果品进行现场检测,根据相关指标对果品品质进行界定。根据相关指标的划分,对其进行三个等级评分,分别为 100 分,90 分以及 80 分。

(3)认证证书及报告制作

认证报告内容包括认证区域和认证产品概况介绍、当年主要天气气候条件分析

（关键生长期积温、累计日照时数、累计降水量、日较差等以及干旱、连阴雨和冰雹等气象灾害）、认证结论以及认证报告使用范围四部分内容（图4.7）。

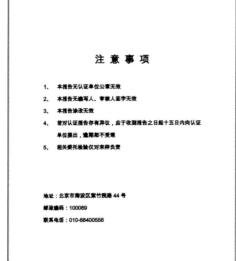

2、主要天气气候条件分析

2.1 气象资料来源

本认证书所用气象资料来自于怀柔区渤海镇区域自动气象观测站（站点号A1606）观测数据，气象观测站点位于 40°24'50"N，116°27'40"E，海拔 199 米，与认证区域相距约 200m，对认证区域的气象条件具有较好的代表性。

2.2 本年度怀柔板栗源关键生育期气候条件分析

（1）当年度≥10℃积温（a₁）

2016 年 9 月 21 日至 2017 年 9 月 20 日，怀柔板栗产区≥10℃积温为 4340.9°C·D，热量资源充足，该项因子评定为 1 级。充足的热量资源为栗树生长奠定了较好的能量基础，对萌芽、展叶以及花芽的萌发和生长均十分有利。

（2）果实迅速膨大期累计日照时数（a₂）

2017 年 7 月 10 日至 9 月 10 日，怀柔板栗果实膨大期的累计日照时数为 300.0 小时，日照时数略少，该项因子评定为 3 级。日照时数决定了栗树的光合作用强度和养分积累进程，本年度日照时数可基本可满足栗树果实生长需求。

（3）开花期累计降水量（a₃）

2017 年 6 月 5 日至 6 月 25 日累计降水量为 207.8 毫米，此期间降水量充沛，该因子评定为 1 级。开花期降水量影响雌蕊分化，降水量偏少可导致雌花败育，进而影响花期授粉，最终影响产量和品质。本年度开花期降水量充足，开花授粉良好，对后期形成良好的果实品质比较有利。

（4）果实膨大期累计降水量（a₄）

2017 年 7 月 10 日至 9 月 10 日果实膨大期的累计降水量为 247.9 毫米，降水量偏少，该项因子评定为 3 级。本阶段降水量略偏少，对同化作用产生的养分

能够及时运达到果实中去有一定的阻止作用，对果实膨大略有不利影响。

（5）果实膨大期气温日较差平均值（a₅）

2017 年 7 月 10 日至 9 月 10 日果实膨大期的气温日较差平均值为 12.4℃，日较差平均值有利于高品质板栗的生长，该项因子评定为 1 级。气温日较差在此期间决定了光合作用和呼吸作用的强度，较夜温差大有利于糖和营养物质积累，对增加果实甜度比较有利。

2.3 本年度主要生育期气象灾害影响分析

2017 年 7 月中上旬，渤海镇降水量偏少，出现旱象，对果实膨大有一定影响，但由于管理技术规范及时、到位，对果实品质造成明显不利影响；本年度无冻害、大风等灾害性天气对怀柔板栗造成影响。

3、认证结论

3.1 气候适宜性区划指标评分（X₁）

根据怀柔栗农业气候资源区划结论，并综合考虑果品生产立地条件，委托认证的北京老果树聚源德种植专业合作社生产基地位于怀柔区渤海镇沙峪村，属于最适宜栽培地区，X₁项得分为 100 分。

3.2 本年度生长气候条件评分（X₂）

（1）气候资源评分（α）

根据怀柔区渤海区域自动气象站（站点号 A1606）2017 年度观测数据，2017 年度怀柔板栗关键气象要素值及其加权得分如下表所示：

表 1　2017 年度气候资源评分情况

评分项目	2017 年度值	评分等级	加权得分
上年 9 月 21 日至当年 9 月 20 日≥10℃积温	4340.9°C-D	1 级	15

7 月 10 日至 9 月 10 日累计日照时数	300.0Hours	3 级	12
6 月 5 日至 6 月 25 日累计降水量	207.8mm	1 级	10
7 月 10 日至 9 月 10 日累计降水量	247.9mm	3 级	40
7 月 10 日至 9 月 10 日日较差平均值	12.4℃	1 级	10

根据怀柔板栗气候品质评分标准，本年度气候资源评分为 87.0 分。

（2）气象灾害评分（β）

表 2　2017 年度气象灾害评分情况

气象灾害	灾害等级	评分等级得分	加权得分
越冬冻害	无灾害	0	0
花期干旱	无灾害	0	0
果实膨大期干旱	轻度	5	2.5
成熟期连阴雨	无灾害	0	0
冰雹	无灾害	0	0

根据怀柔板栗气候品质评分标准，本年度气象灾害评分（β）为 2.5 分。

（3）果品生长气候条件得分

根据怀柔板栗气候品质认证评分标准，本年度果品生长气候条件得分：

X₂=α-β=87-2.5=84.5

3.3 生产管理条件评分（X₃）

表 3　果品生产安全生产管理评分情况

内容	标准化生产技术与质量安全技术规范	"三品"认证情况	果品品质抽查
执行情况	具有标准化生产技术 基	2017 年度通过"有	抽检果品样本基本

	本严格执行	机"农产品认证	达到优质果品指标
加权得分	60	20	18

因此，X₃项最终得分为 98 分。

3.4 认证结论

W=0.2X₁+0.5X₂+0.3X₃=20+42.25+29.4=91.65

根据北京市气候中心果品气候品质认证指标体系，本次认证的最终得分为 91.65 分，2017 年度认证区域内果品气候品质为**特优**。

4、报告使用范围

本报告仅适用于北京老果树聚源德种植专业合作社于 2017 年度生产的怀柔板栗，超出产地、时间或品种范围，本报告无效。

图 4.7　北京市果品气候品质认证报告（以怀柔板栗为例）

认证证书由中、英文正反两个版面组成，包括果品名称、认证编号、认证区域、委托单位、认证结论、证书有效期、认证单位以及认证日期共八部分内容组成（图4.8）。

图 4.8　北京果品气候品质认证证书（以怀柔板栗为例）

4.3.4.3 服务效益

自 2016 年北京市气象部门开展果品气候品质认证工作以来,先后为怀柔板栗、平谷"大久保"桃和"京艳"桃、门头沟京白梨、房山酿酒葡萄、密云"云岫"苹果和鲜食葡萄、通州鲜食葡萄、昌平和延庆苹果、顺义砀山梨等特色果品开展气候品质评估,服务特色农产品万余亩,获得北京卫视、北京财经频道、农民日报、京郊日报、中国气象报等相关媒体对该项工作进行了跟踪报道,取得了较好的社会效益。根据反馈的经济主体使用说明和调查问卷统计:为生产经营主体颁发果品气候品质认证报告和认证证书后,2016 年北京独乐河果蔬产销专业合作社生产的"京艳"桃销售收入增加3 万元,北京孟悟生态园生产的京白梨销售收入增加 3 万元,北京老栗树聚源德种植专业合作社生产的板栗销售收入增加 6 万元;2017 年北京老栗树聚源德种植专业合作社生产的板栗销售收入增加约 4 万元,北京惠风和畅葡萄种植专业合作社生产的鲜食葡萄销售收入增加 10 万~12 万元。

4.3.5 重庆茶叶气候品质评估

4.3.5.1 背景意义

农产品气候品质形成是一个长期和复杂的过程。气候对茶叶品质的影响是多方面的,既影响着鲜叶的色泽、大小、厚薄和嫩度,也影响着其内含物质(如氨基酸、蛋白质、茶多酚、咖啡因、糖类、芳香物质等)的形成与积累。从而也将影响着这些鲜叶的品质优劣和适制性,并进一步影响到成茶的品质。茶叶气候品质评估工作主要依托气候适宜度方法以及气候品质评价模型对茶叶生产的气候条件进行定量评价。气候适宜度方法可反映农作物生长与气候条件之间的适宜程度,气候品质评价方法的提出进一步实现了气候条件对作物品质优劣影响的定量评价。通过应用气候适宜度理论定量分析茶叶生长气候适宜度,利用气候品质评价方法定量评定气候品质等级,可以揭示重庆茶叶产区茶树生产的气候优势,为深度挖掘重庆市农业气候资源、地方特色经济作物发展规划以及科学管理等提供理论依据。

4.3.5.2 技术方法

(1)气候适宜度模型

定量评估茶叶生长季气候适宜度特征具有重要意义。气候适宜度模型从系统科学观点出发,基于模糊数学方法,以作物光温水的供需关系为理论依据,结合茶叶气象指标建立温度、水分、光照适宜度模型,并应用几何平均法建立茶叶综合气候适宜度模糊动态模型,量化分析作物生长发育的气象条件。

茶叶生长的温度适宜度(P_T)模型:

$$P_T = \frac{(T-T_1)(T_2-T)^B}{(T_0-T_1)(T_2-T_0)^B} \tag{4.13}$$

$$B = \frac{(T_2 - T_0)}{(T_0 - T_1)} \tag{4.14}$$

式中，T 为茶叶生长季内的日平均气温；T_1、T_2、T_0 分别是研究时段内茶叶生长所需的最低温度、最高温度和最适宜温度。当 $T = T_1$ 或 $T = T_2$ 时，$P_T = 0$；当 $T = T_0$ 时，$P_T = 1$。

茶树生长水分适宜度（P_R）模型：

$$P_R = \alpha P_s + (1 - \alpha) P_H \tag{4.15}$$

式中，P_s、P_H 分别为土壤水分适宜分量和空气相对湿度适宜分量；α 为 P_s 的权重系数；$(1 - \alpha)$ 为 P_H 的权重系数。P_s、P_H 的计算公式分别为：

$$P_s = \begin{cases} R/E, R < E \\ E/R, R \geqslant E \end{cases} \tag{4.16}$$

$$P_H = \frac{H - H_{\min}}{1 - H_{\min}} \tag{4.17}$$

式中，H 为日平均相对湿度；$H_{\min}$ 为研究时段内最低日平均相对湿度；R 为实际降水量；E 为茶园可能蒸散量。

茶树生长的光照适宜度（P_S）模型：

$$P_S = \begin{cases} S/S_0 & S < S_0 \\ 1 & S_1 > S \geqslant S_0 \\ S_1/S & S \geqslant S_1 \end{cases} \tag{4.18}$$

式中，S、S_0 和 S_1 分别为实际日照时数(h)、35% 和 45% 的可照时数。

茶叶综合气候适宜度（P）模型为：

$$P_i(y) = \sqrt[3]{P_T(y_i) \times P_R(y_i) \times P_S(y_i)} \tag{4.19}$$

式中，P_T、P_R、P_S 分别为温度、水分、和光照适宜度。

（2）气候品质评价模型

参照常规农业气象条件定量化等级评价标准，将气象指标划分为 4 个等级，分别赋值 3~0。等级划分标准（M_i）如下：

$$M_i = \begin{cases} 3 & T_{i01} \leqslant X_i \leqslant T_{i02} \\ 2 & T_{i11} \leqslant X_i < T_{i02} \text{ 或 } T_{i02} < X_i \leqslant T_{i12} \\ 1 & T_{i21} \leqslant X_i < T_{i12} \text{ 或 } T_{i12} < X_i \leqslant T_{i22} \\ 0 & X_i < T_{i21} \text{ 或 } X_i > T_{i22} \end{cases} \tag{4.20}$$

式中，X_i 为气象指标的实际值，T_{i01}、T_{i02}；T_{i11}、T_{i12}；T_{i21}、T_{i22} 分别为茶叶品质最优、优、良时气象指标的上限值和下限值。如果气象指标低于 T_{i21} 或高于 T_{i22}，茶叶品质一般。$i = 3$，表示 3 个气象指标。

气象评价指标如表 4.5 所示。X_1、X_2、X_3 分别为鲜叶采收前 15 天的平均气温、平均相对湿度、平均日照时数。

表 4.5 茶叶气候品质的气象评价指标

M_i 赋值	X_1	X_2	X_3
3	$12.0 \leqslant X_1 \leqslant 18.0$	$X_2 \geqslant 80.0$	$3.0 \leqslant X_3 \leqslant 6.0$
2	$11.0 \leqslant X_1 < 12.0$ 或 $18.0 < X_1 \leqslant 20.0$	$70.0 \leqslant X_2 < 80.0$	$1.5 \leqslant X_3 < 3.0$ 或 $6.0 < X_3 \leqslant 8.0$
1	$10.0 \leqslant X_1 < 11.0$ 或 $20.0 < X_1 \leqslant 25.0$	$60.0 \leqslant X_2 < 70.0$	$0 \leqslant X_3 < 1.5$ 或 $8.0 < X_3 \leqslant 10.0$
0	$X_1 < 10.0$ 或 $X_1 > 25.0$	$X_2 < 60.0$	$X_3 = 0.0$ 或 $X_3 > 10.0$

应用加权指数求和法建立茶叶气候品质评定模型,计算公式如下:

$$I_{ACQ} = \sum_{i=1}^{n} a_i M_i \qquad (4.21)$$

式中,I_{ACQ} 为气候品质评价指数;M_i 为影响茶叶品质的气象指标的评价等级,a_i 为气象指标的权重系数。其中,权重系数由最小二乘法迭代运算得到,温度、水分、光照的权重系数分别为 0.6、0.2、0.2。

气候品质评定以气候品质指数为依据,分成四级:1 级(特优)、2 级(优)、3 级(良)和 4 级(一般),具体见表 4.6。

表 4.6 茶叶气候品质等级

气候品质等级	气候品质评价指数 I_{ACQ}
1 级(特优)	$I_{ACQ} \geqslant 2.5$
2 级(优)	$1.5 \leqslant I_{ACQ} < 2.5$
3 级(良)	$0.5 \leqslant I_{ACQ} < 1.5$
4 级(一般)	$I_{ACQ} \leqslant 0.5$

4.3.5.3 服务效益

重庆市气象部门基于农产品气候品质评估方法,开展以"巴南银针"春茶为代表的优质农产品气候品质评价,创建重庆市农产品优质气候品牌。深度挖掘特色作物农业气候资源优势,增加"巴南银针"茶等产品的品牌效应,取得了良好的社会效益与经济效益,得到了消费者的广泛认同与好评。2020 年 1 月,第十九届中国西部(重庆)国际农产品交易会在重庆国际会议展览中心举办(图 4.9),由重庆市气象部门设置的 300 m² "巴渝醉美乡村"暨优质气候品牌展区亮相,同时发布了"巴南银针"等重庆市农产品优质气候品牌,全方位展示重庆气候资源优势以及气候品牌效应,积极扩大国家级气候品牌和重庆市优质气候品牌的品牌影响力,为重庆"十百千"工程锦上添花,为"巴味渝珍"品牌再添金字招牌,为乡村旅游发展注入绿色动力。

图 4.9　中国西部(重庆)国际农产品交易会授牌仪式

4.3.6　天津农产品气候品质溯源

4.3.6.1　背景意义

"一方水土产一方物",气候是优质农产品生产的一个重要维度。所谓"气候好、品质佳",如何让优质农产品在市场更受青睐,更具可信度和说服力。为此,天津气象部门在做好气候品质评估的基础上,探索气候品质溯源技术,找到特定条件下出好产品的原因,具(象)勾勒出气候"形状",帮助生态产品更好地"亮相",让更多消费者看见农产品价值。

4.3.6.2　技术方法

(1)溯源信息

气候品质溯源除包括品种、生长记录、检测报告等农产品溯源信息,还增加了气候品质评价内容,记录农产品全生育进程气象条件匹配及气象灾害发送情况,在提升产品品质、优化供应链、实现消费者参与互动的同时增加了"气象背书",图 4.10 以天津草莓番茄为例展示了农产品气候品质溯源内容。

① 品种介绍

品种介绍帮助消费者对农产品有直观详细的了解,具体展示信息主要包括品种由来、熟性、抗逆性、果实外观、大小、口感、单位面积产量、发育进程所需积温、食用功效、生产管理技巧等信息,在具体针对某个作物时,需要筛选信息,以简洁通俗易懂的语言,形象具体的展示。

图 4.10　农产品气候品质溯源内容(以草莓番茄为例)

以天津市东丽区欢坨村草莓番茄气候品质溯源为例,品种介绍包含品种建设、食用功效、成长奥秘三方面信息,具体如表 4.7 所示。

表 4.7　天津市东丽区欢坨村草莓番茄品种介绍信息

信息类型	具体内容
品种简介	欢坨草莓柿子是东丽区金钟街欢坨村近年来引进改良的新品种,由于抗寒、抗病性强,加之精细化科学管理和得天独厚的气候、土壤优势,柿子呈现出外形圆润,果肉饱满,沙瓤多汁,酸甜可口的优良性状。个头偏小,单果 80～150 g,未成熟时青色,成熟后带绿肩,表面红黄绿三色相间。表皮脆硬,掰开后绿色籽粒镶嵌在果瓤里,形似草莓。可依据个人喜好进行存放食用,果实越偏黄,口感越脆,越清甜;果实红黄相间,绿肩变淡,酸甜适口;果实变成红色,绿肩消失,口感甘甜
食用功效	【健胃消食】富含果酸,促进胃液分泌,帮助胃肠消化吸收 【呵护血管】含有维生素 P,维持血管弹性 【减肥减脂】低热且富含水溶性膳食纤维及多种维生素 【防癌抗癌】富含番茄红素,抗氧化,抑制癌细胞增殖 【护肤美白】富含维 C,抑制酪氨酸酶活性,减少黑色素形成
成长奥秘	【品种培优】因地制宜,利用欢坨村退海地偏碱性的胶泥土质,不断引种改良,培育出优质高产品种 【品质提升】绿色防控,科学种养。平畦漫灌改高垄滴灌,粗放用肥改配方施肥,普及生物菌肥、绿色农药 【品牌建设】注册商标,建立合作组织,实行统一品种、统一管理、统一收购、统一包装、统一销售的"五统"品牌模式 【标准化生产】实行全产业链标准化生产,贯穿整地、选种、育苗、定植、田间管理、病虫害防治、采收及仓储整个链条

② 成长日记

成长日记记录农产品的全生命周期信息,包括作物发育进程、栽培措施、水肥管理、病虫害防治、气象灾害等内容(图 4.11),为消费者提供真实可信的产品信息,增强消费者对农产品的信任感。同时作物发育进程采用虚实结合的呈现手法,让消费者直观了解作物的发育形态,开展线上辅助研学,提高农产品销售的附加值,提升用户黏性。

③ 检测报告

委托专业检测机构,针对农产品各发育阶段的理化品质及农药残留情况进行取样检测,动态跟踪品质变化及用药安全,实现对农产品的质量安全监督,规范生产企业和农业生产者生产行为,保障消费者的生命健康和权益,守护"舌尖上的安全"。

④ 气候品质评价报告

由农业气象专家针对农产品构建气候品质评价模型,并依据当年生育期内光温水等气象条件以及农业气象灾害发生情况进行量化评分,最终按照特优、优、良、一般四级进行气候品质划分。评价报告由评价区域和评价产品概况、全生育期气象条件分析、评价结论和报告使用范围四部分组成,全面且详细阐述了当季农产品的气候品质。

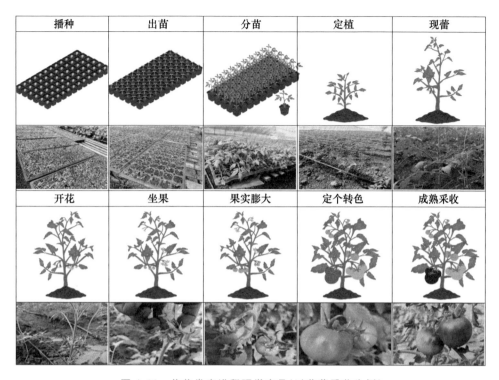

图 4.11 作物发育进程研学产品(以草莓番茄为例)

(2)认证标识

气候品质认证标识由气象部门统一设计,包括评估农产品种类、生产主体、认证机构等直观信息,标识中间有农产品专属溯源二维码,消费者通过微信扫描,即可查询认证农产品的产地、生长期间气候条件和生长情况等相关信息(图 4.12)。为了更加直观展示农产品的生产信息及认证级别,同时便于种植户装箱出售,2023 年天津气象部门为优质农产品制作了气候品质溯源身份证,证件正面为农产品主要生产信息及溯源码(图 4.13),背面为气象部门统一标识及产品上市期。

图 4.12 天津市水果萝卜、小站稻米、玫瑰香葡萄气候品质溯源标识(识别有效期 2 年)

作　物：葡萄	品　种：玫瑰香		作　物：番茄	品　种：草莓番茄	
气候品质：优	年　份：2023		气候品质：优	年　份：2023秋冬茬	
绿色食品：A级			质量认证：天津市农产品质量安全区		
产　地：天津市胡张庄巾帼果蔬 种植专业合作社			产　地：欣融格（天津）蔬菜种植 农民专业合作社		
认证编号：QHPZ2023120110001			认证编号：QHPZ2023120110002		

图 4.13　天津玫瑰香葡萄和草莓番茄气候品质溯源身份证（识别有效期 2 年）

4.3.6.3　服务效益

农产品气候品质溯源除提供气候品质等级信息外，更多展示农产品生产全过程信息，帮助消费者了解农产品，买得放心，吃得安心。在溯源信息采集及品质评估模型构建中，技术人员通过实地调查、对比实验、质量检测等技术方法，帮助生产主体规范种植管理模式，严格按照绿色食品标准施肥用药，保障农产品质量安全（图 4.14）。在销售端，针对当年认证农产品的生产规模及销售模式，限量制作溯源标识及卡片，随箱出售，为优质农产品注入气象身份信息，提供政府背书，增加产品附加值，深受种植户和市场的欢迎和认可。

图 4.14　工作人员为胡张庄葡萄外包装粘贴气候品质溯源标识（上），
果农将溯源身份证随整箱葡萄出售（下）

4.3.7 京津冀杨絮、柳絮飘飞期预报服务

4.3.7.1 背景意义

杨柳树属于雌雄异株,飞絮来自杨柳树的雌株。春季雌花序授粉后生成一个个小蒴果,里面包裹着白色絮状绒毛,绒毛中藏着一些不到芝麻粒大小的种子。发育成熟的小蒴果逐渐裂开,白色絮状的绒毛便携带着种子随风飞舞,杨柳飞絮是植物生长发育过程中的一种自然现象,是植物种子传播和繁衍后代的一种自然进化方式。然而飞絮飘在空中,会携带空气中的细菌、病毒和花粉,形成过敏源,进而导致人体皮肤瘙痒、打喷嚏、流鼻涕、咳嗽,甚至哮喘。同时飞絮易燃。因此,开展杨絮、柳絮飘飞期预报,可以帮助市民了解并科学应对杨柳飞絮这一自然现象,同时指导相关部门精准科学开展综合防治,最大限度地降低飞絮对市民生产生活的影响。

4.3.7.2 技术方法

杨柳飞絮扩散扬飞与温度、空气湿度、光照等气象条件有关。干燥、温暖和阳光充足的天气有利于飞絮从植物上脱落和飘散,并且气温越高、光照越强,越有利于植物芽与花的形成和成熟,在气候适宜的条件下,杨絮、柳絮的生成量便会增加。相反,阴雨天气和空气较潮湿时微小的飞毛飞絮容易发生沉降,在被雨水冲刷后的空气中飞毛、飞絮量会明显减少。阴雨寡照的天气条件下,不利于杨柳树等果实的成熟。杨絮、柳絮的预报与当前的气象条件密切相关,以京津冀地区毛白杨为例,当年累积积温超过 480 ℃·d,且 5 d 滑动平均气温超过 14 ℃后,毛白杨果实开始开裂,在无明显降水、降温、大风天气下,植株将进入始飞期。

(1)杨絮始飞期预报指标

$$SF_Y = \begin{cases} 1 & \overline{T}_5 \geq 14 \text{ 和 } E \geq 480 \\ 0 & \overline{T}_5 < 14 \text{ 或 } E < 480 \end{cases} \tag{4.22}$$

式中,SF_Y 为杨絮始飞期的预报指标(每年 SF_Y 为 1 的当天为杨絮始飞日期);$\overline{T}_5$ 为五日滑动平均气温;E 为每年 1 月 1 日起的大于杨柳树生物学零度(杨柳树生物学零度为 0 ℃)有效积温(℃·d)。

(2)柳絮始飞期预报指标

$$SF_L = \begin{cases} 1 & \overline{T}_5 \geq 15.5 \text{ 和 } E \geq 560 \\ 0 & \overline{T}_5 < 15.5 \text{ 或 } E < 560 \end{cases} \tag{4.23}$$

式中,SF_L 为柳絮始飞期的预报指标(每年 SF_L 为 1 的当天为柳絮始飞日期)。

(3)杨絮盛飞期预报指标

$$FB_Y = \begin{cases} 1 & T_B \geq 25 \text{ 和 } E \geq 580 \\ 0 & T_B < 25 \text{ 或 } E < 580 \end{cases} \tag{4.24}$$

式中,FB_Y 为杨絮盛飞期的预报指标(每年 FB_Y 为 1 的当天为杨絮盛飞日期);T_B 为近 3 d 的最高气温(℃)。

(4)柳絮盛飞期预报指标

$$FB_L = \begin{cases} 1 & T_B \geqslant 25 \text{ 和 } E \geqslant 680 \\ 0 & T_B < 25 \text{ 或 } E < 680 \end{cases} \tag{4.25}$$

式中,FB_L 为柳絮盛飞期的预报指标(每年 FB_L 为 1 的当天为柳絮盛飞日期)。

(5)杨絮、柳絮飘飞适宜指数

杨絮、柳絮飘飞适宜指数适宜指数及其含义如表 4.8 所示。

表 4.8　京津冀杨絮、柳絮飘飞适宜指数及含义

杨絮、柳絮飘飞适宜指数	判别指标 P	指数描述
1	$P=0$	不适宜
2	$0<P\leqslant0.36$	较适宜
3	$0.36<P\leqslant0.64$	适宜
4	$0.64<P\leqslant1$	非常适宜

杨絮、柳絮飘飞适宜指数判别指标计算表达式如下:

$$P = \prod_{i=1}^{4} A_i \tag{4.26}$$

式中,P 为杨絮、柳絮飘飞适宜指数的判别指标;Π 为因子连续求积符号;i 为取 1 到 4 的整数;A_1 为相对湿度因子;A_2 为日照时数因子;A_3 为平均风速因子;A_4 为降水量因子。各因子取值规则如表 4.9 所示。

表 4.9　杨絮、柳絮飘飞判别气象因子取值规则

因子取值	因子取值规则					
	相对湿度因子 A_1	日照时数因子 A_2		平均风速因子 A_3		降水量因子 A_4
	判别指标:日平均相对湿度/%	判别指标:日日照时数/h		判别指标:日平均风力等级/级		判别指标:日降水量/mm
		始飞	盛飞	始飞	盛飞	
0	(70,100]	[0,4)	[0,6.5)	0 或[6,17]	0 或 1 或 [6,17]	0
0.6	(50,70]	[4,6)	[6.5,8)	4 或 5	2 或 5	——
0.8	(30,50]	[6,8)	[8,10)	3	4	——
1	[0,30]	≥8	≥10	1 或 2	3	>0

4.3.7.3　服务效益

天津、北京、河北三地气象部门于每年 3 月启动京津冀杨絮、柳絮飘飞期预报服务,京津冀三地分别开展本地杨絮、柳絮物候期观测,当河北南部邯郸等地杨树雌花

序小花发育成蒴果,即开始滚动预报,预报采用全国格点预报、陆面数据同化系统
(CLDAS)网格实况等数据产品,逐日滚动计算并形成京津冀 0.05°×0.05° 网格分辨
率的杨絮、柳絮始飞期、盛飞期预报产品,为后续制作专题服务材料提供业务指导和
技术支撑。图 4.15 为 2022 年 4 月 2 日、7 日、12 日京津冀杨絮、柳絮始飞期网格预
报产品,预报时间尺度达 10 日。

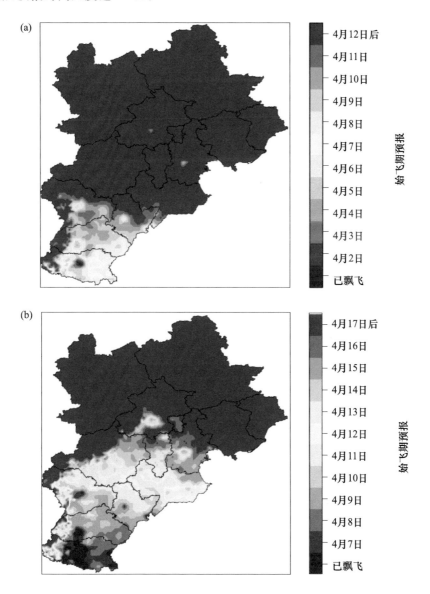

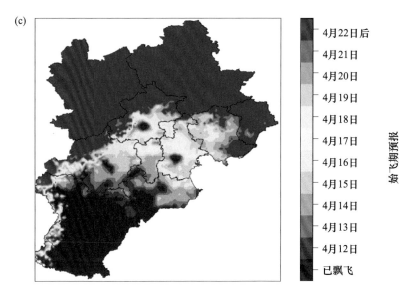

图4.15 2022年京津冀杨絮、柳絮始飞期网格预报业务指导产品

(a)4月2日;(b)4月7日;(c)4月12日

杨絮、柳絮飘飞期预报服务材料包括前期天气概况及影响分析(气温、光照、降水、相对湿度、大风等),杨絮、柳絮飘飞期预报(始飞、盛飞)及历史飘飞时间对比,未来天气预测及杨絮、柳絮飘飞适宜指数分析,相应飞絮滞销措施建议(图4.16)。

实况观测。目前，冀南平原的杨柳絮已完全发育成熟，其中邯郸4月3日已进入杨絮始飞期，邢台和石家庄于4月7日进入杨絮始飞期，根据前期累温温度和积温，并结合京津冀地区4月整体气候趋势预测，雄安新区预计最早始飞时间为4月13日、北京和天津城区杨絮预计始飞时间为4月14日—15日，邢区略晚。北部燕山一带预计在4月底陆续进入始飞期。柳絮的飘飞较杨絮稍晚一周左右。整个京津冀地区从南到北始飞时间相差近1个月。京津冀杨柳絮具体始飞时间见图1。

图1 2022年京津冀杨柳絮始飞期预报

盛飞期(超过80%的树木开始出现飘絮)：杨柳絮盛飞时间和飘飞强度与始飞后的天气条件(温度、湿度、光照、降水、风速)密切相关。正常天气条件下始飞后5～7天将进入杨柳絮的盛飞期，晴好天气状况下飞絮高发时段为10时至16时。根据未来15天京津冀地区气象预报，未来15天京津冀大部地区以晴热天气为主。其中未来3天气温回升迅速，河北南部的邯郸地区将于9日进入杨柳絮盛飞期，12日和17日前后将有两次冷空气过程出现，阶段性的降温和降雨过程将会有效抑制杨柳絮的飘飞强度，冷空气过程后在晴热及微风天气驱动下，邢台、衡水、石家

庄将于12-14日陆续进入杨絮盛飞期，同时柳絮进入始飞期。与此同时河北中部及京津地区的杨絮也将进入始飞期，并于18-21日陆续进入盛飞期。京津冀大部地区杨柳絮将在14日前后普遍飘飞。京津冀各地杨柳絮盛飞期预报结论如图3所示。

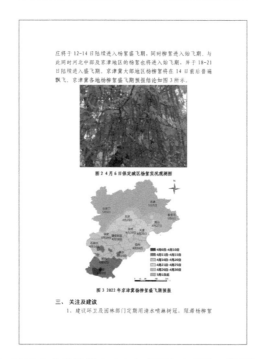

图2 4月6日保定城区杨絮实况观测图

图3 2022年京津冀杨柳絮盛飞期预报

三、关注及建议

1. 建议环卫及园林部门定期用清水喷淋树冠，阻滞杨柳絮

图4.16　2022年京津冀都市生态气象服务专报第1期(第1—3页)

京津冀杨絮、柳絮飘飞期滚动预报服务产品获得社会广泛关注,每期最新预报结论在 CCTV-1 综合频道和 CCTV-13 新闻频道的"新闻联播天气预报"栏目及 CCTV-2 财经频道"第一时间"栏目滚动播出(图 4.17)。同时 CCTV-13 新闻频道"新闻直播间"、天津新闻频道"都市 60 分"和中国天气频道均根据我们预报结论针对飞絮飘飞后的危害及预报进行了专题报道。新华社等多家国家级媒体报道转载,微博话题累计阅读量超 4000 万次。

图 4.17 2021 年京津冀杨絮、柳絮飘飞期预报在央视播出

4.3.8 天津稻谷气候品质保险服务

4.3.8.1 背景意义

稻米是天津的特色优势产业,天津具备发展优质稻米的良好生态条件和产业基础。为了进一步提振小站稻产业,天津市政府相继出台小站稻产业振兴规划及具体实施意见。基于稻谷产业振兴需要,天津气象部门在充分调研的基础上,提出以气象保险＋服务减损＋品质评估的产品组合,实施稻谷气候品质保险。不同于传统农业保险,"气候品质"险将传统的事故损失赔偿机制升级为事故预防机制,运用科技结合金融的手段,将产中精细气象服务和产后品质溯源作为保险产品的增值服务提供给种植户,帮助做好稻谷气候品质的过程管理,形成"农业保险＋气象服务"的新模式。若稻谷生育期气候条件适宜,则评价其气候品质为优良,并为投保的稻谷贴上气候品质评估二维码,提升品牌效益;反之,若气候条件不适宜,则采用稻谷气候品质保险进行理赔,从而在一定程度上弥补了农户因小站稻品质受损而造成的经济损失,保障农民收益。

4.3.8.2 技术方法

(1)品种选择

小站稻品种有着严格的要求,其外观和食味品质必须达到《食用稻品种品质》

(NY/T 593-2021)(农业农村部种植业管理司,2021)中粳稻品种标准优质二等及以上。如特优质水稻品种"津原89""津原U99""金稻777""金稻919""天隆优619"等。

（2）关键生育期适宜气象条件

小站稻产量及品质的形成对气象条件的要求严格,从播种育秧到灌浆成熟,气象条件对小站稻生长发育的影响贯穿整个生育期,不同生育期气象灾害对小站稻产量及其品质的影响也因灾害类型和强度的不同有极为显著的差异。①播种育秧期:天津地区一般采用覆地膜播种,若催芽播种,温度以30～35 ℃为宜,超过40 ℃常使幼苗受害。气温稳定在12 ℃以上,播种后有3～5 d晴天,最低气温不低于5 ℃,即可播种。②移栽返青期:日平均温度15 ℃以上,有4～5 d的晴天,日照充足,土壤软、烂、平、净(无杂草),利于秧苗。③分蘖期:最适温度为30～32 ℃,水稻处于分蘖时对光需求较大,即便8万米烛光都达不到光饱和点。天津市稳定≥18 ℃初日正好出现在5月11—19日之间,插秧后经6～10 d的缓秧、返青,水稻即进入分蘖期,5月中旬的平均气温一般都能达到20 ℃,以后逐旬升高至分蘖末期的6月下旬,旬平均气温可达25 ℃以上,对分蘖期的进展是十分有利的。④拔节孕穗期:水稻孕穗期适宜温度为25～30 ℃,下限温度为20 ℃,孕穗期要求光照充足,养分适量。⑤抽穗开花期:开花最适宜温度日均温度>20 ℃,适宜温度为25～35 ℃。天气晴朗、有微风,利于花授粉。⑥灌浆成熟期:天气晴朗、日照充足、气温高于20 ℃以上,昼夜温差较大,有利于灌浆成熟。

（3）理赔计算

基于稻谷各生育阶段适宜的气象条件,天津气象部门对历年水稻各生育期内气象条件进行统计,并与水稻品质进行相关分析,最终得到小站稻各生育时期气象指标起赔点。并根据气象指标对小站稻各关键发育期品质造成的不利影响,给出赔付比例。起赔点及赔付比例如表4.10所示。当气象条件触发起赔点时,按照"赔款金额＝每亩保险金额×保险面积×各生育时期气象指标赔偿比例"进行理赔计算。需要说明的是:一是在同一生长期内,同一个气象指标达到起赔标准时最多赔偿一次。二是以上各种保险责任的赔偿金额可以累加,累加赔偿金额以保险金额为限。三是稻谷气候品质险需叠加在水稻传统种植险上。具体见表4.10。

4.3.8.3　服务效益

2019年小站稻"农业保险＋气象服务"的新模式推广辐射面积达40余万亩,共有6000余亩小站稻投保稻谷品质商业险,共定制1.6万余枚稻谷气候品质溯源二维码并粘贴在小站稻外包装上。以宝坻区欢喜庄清水思源农作物种植专业合作社为例,2019年,稻谷较去年每亩增产300斤左右,平均每斤大米售价较去年提升了0.5～1.0元不等,切实提升了合作社及农户的经济收益,在一定程度上助力提升小站稻品牌效益及市场价值。

表 4.10　各生育时期气象指标起赔点及赔付比例

生长期（起止日期）（月-日）	日平均气温 起赔点	日平均气温 赔付比例	日最高气温 起赔点	日最高气温 赔付比例	连续低温 起赔点	连续低温 赔付比例	连阴天 起赔点	连阴天 赔付比例	日累计降雨量 起赔点	日累计降雨量 赔付比例	风速 起赔点	风速 赔付比例
移栽返青期（5-10—6-10）	<15 ℃	10.0%	—	—	—	—	—	—	—	—	—	—
分蘖期（6-1—7-20）	>33 ℃	10.0%	>39 ℃	10.0%	—	—	—	—	—	—	—	—
孕穗抽穗期（7-20—8-31）	>33 ℃	10.5%	>35 ℃	10.5%	连续 3 d 及以上日平均气温 <18 ℃	4.5%	连续 7 d 及以上每日日照时数 <3 h	4.5%	—	—	—	—
灌浆乳熟期（8-21—10-20）	>29 ℃	8.0%	—	—	—	—	—	—	>50 mm	16.0%	连续 3 d 及以上风速 >13.9 m·s⁻¹	16.0%

4.3.9　广州蔬菜气象指数保险服务

4.3.9.1　背景意义

按照《广州市实施乡村振兴战略三年行动计划(2018—2020年)》的要求,广州市气象部门在市农业农村部门的牵头下,联合保险公司,通过实地调研、文献查阅、资料搜集、数据分析等方式,研发广州蔬菜气象指数保险产品。为提高保险理赔的效率,解决传统蔬菜查勘定损理赔困难的问题,蔬菜气象指数不以实际损失为理赔标准,以市气象部门发布的气象指数为定损理赔依据。选取对蔬菜种植生长过程中影响较大的气象因素"暴雨、大风"作为气象指数保险理赔触发条件。当暴雨或大风达到保险触发条件时,无须农户报案,由广州市气象部门发布的相关气象证明或报告,保险公司按照约定在理赔公示结束后向被保险人支付保险赔款。

4.3.9.2　技术方法

基于1988—2017年广州5个国家地面气象观测站(番禺、从化、广州、增城、花都)的降水、大风、高温、低温等气象数据,以及同期蔬菜受灾案例,通过相关分析、文献查阅、实地调研等方式,确定广州种植蔬菜受损主要是由于强降水导致的农田受淹或大风造成的简易大棚倒塌,因此选取降水和大风作为气象指数。同时,根据广州市各区近20 a的气象数据、各区蔬菜种植面积及未来规划,为平滑整体的赔付水平,避免出现断崖式赔付的情况发生,最终确定保险理赔触发条件:①暴雨,日降雨量≥100 mm;②大风,日最大风速≥7级,其中一个条件触发即发生保险理赔。

(1)适用范围

广州市域范围内种植蔬菜的农户、农业企业和农民专业合作社等均可投保。其中,种植面积50亩以上的农户(企业、合作社等)可单独投保,其他农户以行政村为单位集体投保。参考对象为大棚或露地蔬菜。在保险期间内,保险标的遭遇单日100 mm及以上降雨或出现7级及以上大风,保险公司按照约定负责赔偿。其中大风是指在一天给定时段内的10 min平均风速的最大值,理赔时以投保约定最近的气象站点监测数据为准,如果该站点运行不正常,以其他最近的站点数据为准。

(2)保险金额及费率

广州蔬菜每年平均种植4.2茬,每茬的生产成本为3000~6000元/亩。结合现行的农业保险政策,以30%作为保障程度,最终确定每年4800元的保险金额。根据各区历史气象数据的差异性,为平衡各区风险和收益,保证蔬菜气象指数保险的可持续性,保险费率分为多档,各区对应的费率和每亩蔬菜每年保费如表4.11所示。在保费补贴比例上,保险费由参保农户和企业自付20%,市、区两级财政给予补贴80%。蔬菜气象指数保险的保险费率与保费,具体见表4.11。

表 4.11 广州市蔬菜气象指数保险的保险费率与保费

行政区	保险费率/%	保费/(元/亩·a)
花都	7.0	336
黄埔	8.0	384
天河	8.0	384
海珠	8.0	384
荔湾	8.0	384
南沙	8.5	408
白云	7.0	336
从化	8.0	384
增城	7.0	336
番禺	5.0	240

（3）理赔处理

理赔时每年每亩最高赔款金额不超过每亩保险金额。理赔频率与市气象部门相关气象证明或报告的发布频率保持一致。当气象条件（具体以市气象部门发布的保单约定气象测报站实测数据为准）满足以下保险理赔触发值时，保险公司按照保险合同约定支付赔款：

① 日降雨量

根据广州市气象部门提供的保险标的所在地实际日累计降雨量的相关证明或报告，保险公司按"总赔付金额＝投保面积×每亩赔偿金额"进行赔偿，具体日降水量分级及对应每亩赔偿金额如表 4.12 所示。蔬菜保险期间内发生多次因降雨量达到触发条件的保险事故，每发生一次，保险公司按照约定理赔一次。

表 4.12 广州日降水量对应每亩蔬菜赔偿金额

实际日降雨量	每亩赔偿金额（元）
100 mm(含)～150 mm(不含)	100＋(实际日降雨量－100)×0.5
150 mm(含)～200 mm(不含)	100＋(实际日降雨量－100)×0.75
≥200 mm	100＋(实际日降雨量－100)×1

② 风力指数

根据气象部门提供的保险标的所在地发生 7 级及以上暴风的相关证明或报告，保险公司按"总赔付金额＝投保面积×每亩赔偿金额"进行赔偿，具体风力等级对应的每亩赔偿金额如表 4.13 所示。蔬菜保险期间内发生多次因日最大风速达到触发条件的保险事故，每发生一次，保险公司按照约定理赔一次。

表4.13 广州风力对应每亩蔬菜赔偿金额

风力指数(日最大风速)	7级	8级	9级及以上
每亩赔偿金额	100元	200元	400元

(4)承保流程

①提供资料、登记造册。协保员协助收集投保农户的基本信息(投保人名称、联系方式、银行账号、营业执照、税务登记证、法人或代表人身份证等),以及保险标的信息(种植地点、面积、投保数量、租地合同或土地流转合同等),由保险经办机构审核相关信息。②现场验标。保险经办机构根据"验标承保"的原则,安排人员到投保人种植场实地查勘、核对保险标的信息,对投保数量、相关证件等进行核查,并进行现场抽查拍照、核对保险标的。③填写投保单。保险机构业务人员或协保员应向投保人告知条款内容,重点说明保险责任、责任免除、报案方式等,并指导投保人逐项填写投保单。单独投保的业务,由投保人盖章或签名确认;集体投保的业务,由投保组织者统一填写投保单并盖章确认,并在投保分户清单上由相关人员签字确认。保单中需约定最近的气象站点。④承保公示。区保险经办机构对参保资料进行审核确认盖章,将各农户投保明细清单反馈至镇(街道)农业办公室,选择镇(街道)和村委会较为明显的区域张贴公示材料并公示3 d,也可通过广播、电视、互联网、短信、微信等方式公示。⑤见费出单。承保公示无异议后,保险公司向投保人收取自缴部分的保险费,并向投保人出具保险单,保险生效。

(5)理赔流程

①出险报案。不需农户报案,当约定的气象站观测数据达到赔偿触发条件时,市气象部门审核发布相关证明或报告,保险公司根据证明或报告主动联系受灾农户(企业)办理理赔。②确定赔款。保险机构根据相关气象证明或报告按照本保险方案约定,确定赔款金额。③理赔公示。保险经办机构在收到相关气象证明或报告的2个工作日内在参保户种植场所所在的镇(街)或村较为明显区域或宣传栏将相关赔款信息进行公示,公示时间不少于3 d。④支付赔款。保险经办机构按照公示后无异议的赔款金额向参保种植户的账户支付赔款。

4.3.10 广州虾蟹气象指数保险服务

4.3.10.1 背景意义

为进一步保障广州市南沙区水产养殖产业健康稳定发展,助力全区水产养殖产业持续增效、稳定增收,在当前政策性水产养殖保险基础上,广州市气象部门联合保险公司,按照《广州市南沙区农业保险实施方案的通知》(穗南农〔2022〕52号)有关要求,研发虾蟹气象指数保险产品,制定《南沙区虾蟹气象指数保险方案(试行)》,并将该险种纳入政策性农业保险保障范围。在保费补贴比例上,保险费由参保农户和企业承担10%,区财政给予补贴90%。

4.3.10.2 技术方法

基于2012—2021年南沙42个区域气象自动站的日最低气温、日最大风速、小时最高气温和小时降雨量数据,以及同期受灾案例。通过相关分析、文献查阅、实地调研等方式,确定以夏季高温骤雨、热带气旋和冬季低温作为气象指数。同时,根据南沙区近10 a气象资料,结合虾蟹养殖面积和未来产业规划,确定保险理赔触发条件:①热带气旋,两分钟平均近中心最大风速≥17.2 m·s^{-1};②高温骤雨,10:00(含)—17:00(含),小时降雨量≥20 mm,且同一小时最高气温≥33 ℃;③低温,日最低气温≤5 ℃,且持续2 d及以上,其中一个条件触发即发生保险理赔。

(1)适用范围

在广州市南沙区养殖的各类虾蟹品种,同时符合下列条件的,可作为保险标的:一是相关养殖资质齐全,且养殖地点、放养规格、养殖密度、混养比例、养殖设施等均符合行业水产养殖技术规范;二是养殖户要具有1 a(含)以上的水产养殖经验并建立必要的管理制度;三是具有完整的养殖日志记录,各类投入品的购买凭证及水产销售记录必须保存齐全。此外,投保人应将符合上述条件的水产全部投保,不得选择投保。

在保险责任期间内,投保虾蟹遭遇热带气旋、高温骤雨或低温灾害,且虾蟹所在区域的相关保险指数达到保险合同约定的起赔标准时,视为保险事故发生,保险人按照保险合同的约定负责赔偿,具体起赔标准如下:一是热带气旋,2 min平均近中心最大风速大于17.2 m·s^{-1};二是高温骤雨,10:00(含)—17:00(含),小时降雨量大于20 mm且同一小时最高气温大于33 ℃;三是低温,日最低气温小于5 ℃且持续2 d及以上。保险虾蟹所在地域的气象站由于站点仪器损坏、导致气象数据无法正常获取,以距离投保虾蟹最近的另一气象站观测数据代替,且须经气象部门审核认定。

(2)保险金额及费率

投保虾蟹的每亩保险金额参照其年养殖成本,由投保人与保险人协商确定为12500元/亩、15000元/亩、17500元/亩三档,在投保时由投保人根据自身养殖投入产出情况自行选择,并按照"保险金额=每亩保险金额(元/亩)×保险面积(亩)"进行计算,投保档次及保险面积需在保单中载明。同时根据保险责任选择情况,确定保险费率如表4.14所示。

表4.14 广州市虾蟹气象指数险不同保险责任的保险费率

保险责任	保险费率/%
热带气旋、高温骤雨、低温	10
热带气旋、高温骤雨	8

保险责任	保险费率/%
热带气旋、低温	7
高温骤雨、低温	6
热带气旋	5
高温骤雨	4
低温	3

（3）理赔处理

理赔时按照"每次事故赔偿金额＝每亩保险金额×保险面积×不同灾害指数对应的赔偿比例"进行计算，累计赔偿金额为每次事故赔偿金额之和。当气象条件满足以下气象灾害保险理赔触发值时，按照对应气象因子区间进行理赔计算。

① 热带气旋

以南沙区虾蟹集中养殖区域中心点（22.7 °N；113.55°E）为圆心分别画半径为50 km和100 km的两个风圈。保险期限内，当中国气象局发布的命名台风路径穿过投保风圈，且台风近中心风速达到或超过8级风时触发赔款，两个风圈同时触发取最高赔偿比例进行赔偿，不同保险事故触发一次理赔一次，赔偿比例如表4.15所示。

表4.15　广州南沙区虾蟹养殖热带气旋赔偿比例明细表

风力等级	赔偿比例/%	
	大灾保障圈（50 km²）	预警保障圈（100 km²）
8～9级	2	0.5
10～11级	4	1
12～13级	10	2
14～15级	20	4
16级	50	8
17级及以上	100	15

② 高温骤雨（小时气温、小时降雨量）

考虑到在遭受高温天气下持续降雨或高温天气下短时大量降雨均会导致保险虾蟹应激等受灾损失，因此本灾害指数设置两项保险事故触发标准，同一日同一小时内温度和降雨量同时达到理赔标准时视为保险事故发生，触发一次理赔一次，赔偿比例如表4.16所示。

表 4.16　广州市虾蟹养殖高温骤雨赔偿比例明细表

小时最高气温/℃	小时降雨量 P/mm	赔付比例
≥33	20≤P<40	3%+(P−20)×0.5%
	40≤P<70	13%+(P−40)×0.6%
	70≤P<100	31%+(P−60)×0.7%
	P≥100	52%+(P−80)×0.8%

③ 低温(连续 2 d 及以上低温)

保险期间内,日最低气温小于等于 5 ℃且连续 2 d 及以上时视为保险事故触发,触发一次理赔一次,赔偿比例如表 4.17 所示。

表 4.17　广州市虾蟹养殖低温赔偿比例明细表

温度 T 区间	5 ℃≥T>3 ℃	3 ℃≥T>0 ℃	T≤0 ℃
赔偿比例	3%	10%	20%

当不同日最低气温区间的低温事故连续发生,且无法达到相对较低日最低气温区间赔偿所需的持续天数时,并入相对较高日最低气温区间计算持续天数。一次低温事故以日最低气温小于或等于 5 ℃为开始,日最低气温大于或等于 5 ℃为结束。一次低温事故内按最大赔偿比例仅赔付一次。

4.3.11　上海露地绿叶菜气象指数保险服务

4.3.11.1　背景意义

上海素有"三天不吃青,两眼冒金星"的俗语,绿叶菜在上海农产品消费市场占据重要地位。保护菜农增收、维护菜农积极性,是保证绿叶菜市场稳定的根本,为此,上海不断完善创新绿叶菜保险,相继出台了淡季绿叶菜成本价格保险、夏季农民高温人身伤害保险以及露地绿叶菜气象指数保险等保险产品,意在通过构建绿叶菜生产保险机制,破解"菜贵伤民、菜贱伤农"的难题。其中露地绿叶菜气象指数保险作为一款创新型保险,是由上海市农业、气象管理部门会同市财政部门联合制定,通过数学建模,找出气象因子和农作物损害结果之间关系,确定指数保险费率、赔付标准、赔付触发值。保险期间内,采用绿叶蔬菜整个生长期内的平均气温和累计降水量作为理赔依据,一旦达到保单约定起赔点,即按照相应的赔偿标准进行理赔,克服了原有蔬菜种植保险查勘定损难、理赔时间长等缺点,简化了理赔程序。由于该险种不以实际损失情况作为理赔依据,促使了投保农户提高防灾防损能力、及时参与救灾,切实保障菜农的利益及市场稳定。

4.3.11.2 技术方法

（1）适用范围

保险期间为6月16日—9月13日，即"夏淡"期间。保险标的为"夏淡"期间尚未投保蔬菜种植保险的露地青菜、鸡毛菜、米苋、生菜、杭白菜等五种绿叶菜，具体为每茬青菜、杭白菜、米苋、生菜投保期间为35 d、每茬鸡毛菜投保期间为25 d。如菜农已将上述绿叶菜品种投保蔬菜种植保险的，不得再投保露地种植绿叶菜气象指数保险，即同一地块种植的绿叶菜不得重复投保蔬菜种植保险或露地种植绿叶菜气象指数保险。

保险期间内，如出现实际的日平均温度高于约定的日平均温度或实际的累计降水量高于约定的累计降水量时，视为高温保险事故或降水保险事故发生，保险人按照保险合同的约定承担赔偿责任。投保对象包括蔬菜生产龙头企业、专业合作社和种植大户，其他个体散户由所在镇、村统一组织投保。考虑到"夏淡"期间不同日期种植的保险标的生长周期内的日平均温度和累计降水量具有较大的差异性，确定以5 d为一个投保时段，不同投保时段对应不同的投保期间日平均温度或累计降水量。

（2）保险金额及费率

保险金额按照保险产量（按亩均产量的70%）与单位生产成本乘积确定，保险费率为10%。各参保作物保费具体如表4.18所示。保费补贴标准，其中青菜、鸡毛菜的保费由市、区县两级财政给予70%补贴，投保对象自缴30%保费。米苋、生菜、杭白菜的保费由农业部农业技术服务创新专项资金给予70%补贴，投保对象自缴30%保费。投保人必须足额缴付自缴保费后方能享受财政补贴。

表 4.18　上海市露地种植绿叶菜气象指数保险高温及降水保险事故触发理赔指标

保险品种	保险产量/(kg/亩次)	生产成本/(元/kg)	保险金额/(元/亩次)	保费(元/亩次)
青菜	700	2.00	1400.00	140.00
鸡毛菜	280	3.00	840.00	84.00
米苋	560	1.85	1036.00	103.60
生菜	420	2.76	1159.20	115.92
杭白菜	770	1.90	1463.00	146.30

（3）理赔计算

理赔时按照"赔款＝每亩保险金额×保险数量×赔偿比例"进行计算，当气象条件满足以下高温和降水保险事故理赔触发值时，按照对应气象因子区间进行理赔计算。高温保险事故是指根据气象部门提供的种植标的物所在区县投保周期实际日平均气温高于约定的保险日平均气温，降水保险事故是指投保周期实际累计降水量高于约定的保险累计降水量。不同种植阶段高温及降水保险事故触发理赔指标如表4.19所示。

表 4.19   上海市露地种植绿叶菜气象指数保险高温及降水保险事故触发理赔指标

种植（播种）时段（月-日）	日平均气温/℃		累计降水量/mm	
	青菜/米苋/生菜/杭白菜	鸡毛菜	青菜/米苋/生菜/杭白菜	鸡毛菜
6-16—6-20	27.2	26.6	237.0	198.2
6-21—6-25	27.5	27.1	234.3	188.9
6-26—6-30	28	27.9	196.8	139.5
7-1—7-5	28.2	28.1	196.9	121.7
7-6—7-10	28.2	28.3	182.7	103.0
7-11—7-15	28.4	28.5	169.5	102.3
7-16—7-20	28.6	28.6	211.4	156.4
7-21—7-25	28.4	28.6	223.8	149.5
7-26—7-30	28.2	28.6	218.9	173.1
7-31—8-4	27.7	28.3	215.4	168.6
8-5—8-9	27.2	28.0	182.7	131.7
8-10—8-14	26.5	27.5	206.4	145.0
8-15—8-19	25.8	26.7	205.8	135.4
8-20—8-24	25.1	25.7	181.4	127.3
8-25—8-29	24.3	25.0	148.1	116.3
8-30—9-3	23.2	24.5	118.6	94.4
9-4—9-8	22.9	24.0	106.7	78.4
9-9—9-13	22.0	22.6	111.0	70.1

针对赔偿比例，以日平均气温差、累计降水量差分别来表征高温及降水保险事故发生强度，并以此来划分事故区间及对应赔偿比例，其中日平均气温差是指投保标的在投保期间实际日平均温度超过约定的保险期间日平均气温的部分，而累计降水量差是指投保标的在投保期间实际累计降水量超过约定的保险期间累计降水量的部分。各保险事故强弱表征因子区间及对应赔付比例如表 4.20 所示。值得注意的是单个保险事故赔偿最高为保险金额的 50%。

表 4.20   上海市露地种植绿叶菜高温及降水保险事故对应赔偿比例明细表

表征气象因子	因子区间	赔偿比例
日平均气温差/℃	(0,0.5]	温度差/0.1×0.5%
	(0.5,1.5]	2.5%＋(温度差－0.5)/0.1×0.6%
	1.5 以上	8.5%＋(温度差－1.5)/0.1×0.5%

续表

表征气象因子	因子区间	赔偿比例
累计降水量差/mm	(0,100]	累计降水量差×0.1%
	(100,150]	10%＋(累计降水量差－100)×0.15%
	150 以上	17.5%＋(累计降水量差－150)×0.1%

假设上海嘉定区某合作社为 7 月 11 日种植的青菜投保,则约定保险期间(35 d)日平均气温和累计降水量的触发阈值分别为 28.4 ℃、169.5 mm。如果青菜生长周期内实际日平均气温或累计降水量超过阈值,则保险公司将按照对应赔偿比例及公式进行赔偿。

第 5 章

都市农业气象服务平台设计

都市农业气象服务既是公共服务,又兼有私人订制服务属性。一方面,都市农业气象服务从产生起就具有公共服务的性质,在灾害性天气预警、服务人民生产生活等方面发挥着不可替代的重要作用。另一方面,随着都市农业气象服务的科技水平和应用范围等方面的变化,其在私人订制领域中运用越来越广泛,特别是都市农业供给侧结构性改革推进行业形态日益多元,对气象服务产品的供给方式、供给内容、供给时效等提出了越来越多元的需求。另外,近年来,物联网、云计算、大数据、大模型、智能网络预报等信息技术快速发展,可较好满足都市农业用户分散、精准快速、个性化服务的需要。因此,都市农业气象服务平台的设计应从供给侧着手,以都市农业发展的实际需求为出发点和落脚点,以推动气象为农多元化供给、提高供给水平、优化供给结构为核心,开发基于"云+端"支持下的智慧型农业气象服务系统,满足都市农业多应用场景的服务需求。

5.1 需求分析

都市农业气象服务平台要满足管理数据、分析处理、产品制作与信息发布等功能,以及可实现远程实时监测与互联网发布服务功能的专业软件系统,都市农业气象服务产品可分为决策气象服务、公众气象服务、专业气象服务三类,其中,决策气象服务主要包括农业气候资源评价(如区域气候资源评价、农业产业发展气象可行性评估、作物生长环境气候精细化评估等)、种植结构调整评估(如:优势特色作物规模种植、新品种引进、农艺措施改进等)、气象灾害评估管理(农业气象灾害风险评估、规模化种植发展灾害风险管理等);公众气象服务主要包括都市生产类(优势特色作物种植生长发育过程农业气象情报预报、重要或关键农时精细化气象服务等)、都市生活类(休闲观光、体验农业、创意农业、阳台农业等新业态气象服务产品等)、都市生态类(花期预报、红叶预报、植源性污染等生态农业气象服务产品等);专业气象服务类主要包括农业气候资源评价(农业基地种植规划气候可行性评估、优质农产品气候品质评估等)、作物种植气象保障(优势特色作物精细化种植专项气象服务、农用天气服务保障、种业气象专项服务等)、气象灾害评估管理(农业保险气象指数开发、灾害保险技术服务等)。该软件系统需要实现以上产品的制作与发布。

5.2 设计原则

都市农业气象服务平台的设计既要有前瞻性,又要符合标准化、规范化原则,体现高度的可扩展性、开放性和跨平台性。同时要充分考虑长远发展需求,做到统一规划、统一布局、统一设计、分期实施、逐步扩展,为都市农业气象业务提供全面支撑,保障服务信息的精准推送。平台设计时,要遵循以下原则:

(1)标准化原则:平台各个系统模块设计、系统功能和技术方案应符合国家、地方有关气象、农业等信息化标准以及软件项目设计标准的规定。农业气象观测、服务、指标等数据指标体系及系统建设代码体系一化、标准化。

(2)安全性原则:平台设计应充分考虑不同用户的需求、权限级别和应用层次,保证用户能够高效、快速地访问授权范围内的信息和资源。同时,杜绝未授权用户的非法入侵、非授权访问。

(3)先进性原则:平台建设上采用 B/S 模式,具有强大的工作流引擎、流程建模工具、表单建模工具、组织机构建模工具和流程监控管理系统;技术上采用农业气象监测数据空间化技术、作物模型算法自动化技术、农业气象预报网格化技术、作物种植面积和作物长势遥感监测技术、智能物候识别和灾害识别技术、农事建议模糊匹配智能化技术等。

(4)可靠性原则:平台要具备很高的稳定性、可靠性和平均无故障率,具有备份功能,保证故障发生时系统能够提供有效的失效转移或者快速恢复等功能。

(5)开放性原则:平台在结构设计、软件开发时要充分考虑"标准和开放"的原则,依据标准化和模块化的设计思想,在此基础上建立具有一定灵活性和可扩展性,使系统不仅在体系结构上保持很大的开放性而且同时提供各种灵活可变的接口,平台内部也应具有良好的扩充能力,可以根据不断增长的业务需求变化而不断地平滑升级。

(6)实用性原则:平台建设既充分体现农业气象业务和服务的特点,使用方便、符合实际、运作高效,又充分利用现有资源,便于推广应用。

(7)可维护性和易用性原则:平台建设按照易管理、易维护的原则,实现管理维护的可视化、层次化以及控制的实时性,方便进行业务、性能管理。

5.3 框架设计

5.3.1 总体框架

都市农业气象服务平台应基于"分层设计、模块构建"的思想,划分不同功能模块的逻辑结构,描述系统主要接口,以保证系统结构的合理性、可扩展性。系统从整体上划分为基础设施层、数据层、支撑层、应用层和用户层。平台总体架构如图 5.1 所示。

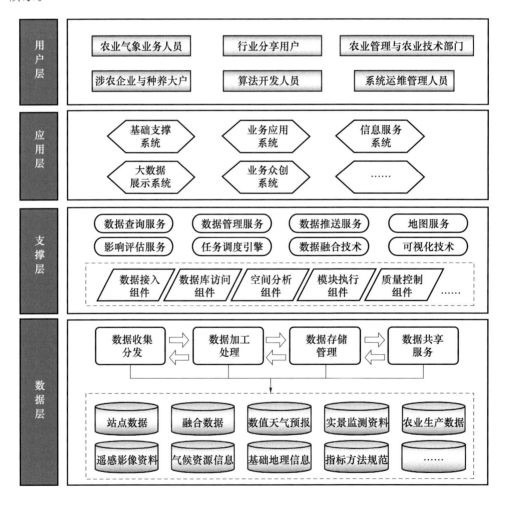

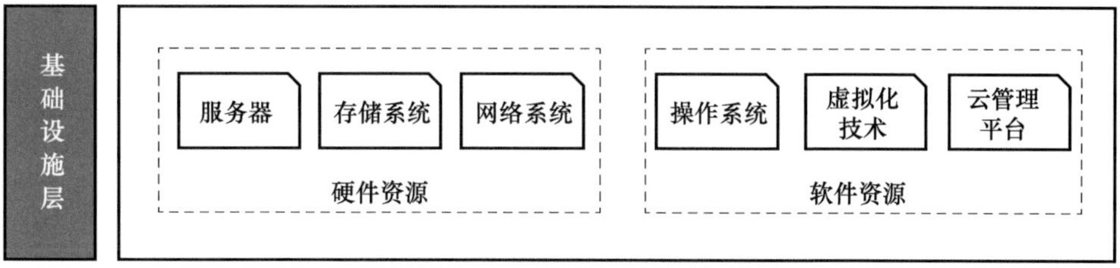

图 5.1　都市农业气象服务平台总体架构设计图

（1）基础设施层

基础设施层主要包括服务器、存储设备和网络设备等硬件资源，以及操作系统、虚拟化技术和云管理平台等软件资源。基础设施层的主要目的是为用户提供可靠的、高效的计算和存储服务，以保证应用程序的正常运行。

（2）数据层

数据层对接"天擎"大数据云平台，将天气预报数据、气象观测数据、农业气象数据、社会经济信息、需求信息等进行分布式存储及云化处理，并针对多源异构数据完成数据获取、格式转化、质量控制、诊断勘误、数据评估等过程，实现数据的标准化管理。

（3）支撑层

通过任务插件化封装、算法模型的集成和调度策略的配置，实现从数据汇集处理到业务产品生产与发布的全流程业务管理，为系统提供运行与管理支撑。

（4）应用层

应用层主要包括各类应用程序和服务，提供一体应用和数据共享接口。如数据库服务、邮件服务、Web 应用服务和桌面服务等。应用层可根据相关交叉行业和领域的需求进行定制和扩展，实现业务流程的自动化和优化，提高工作效率和降低成本。

（5）用户层

用户层主要包括用户界面、交互和安全认证等服务，为用户提供友好的操作界面、灵活的交互方式和安全可靠的数据传输。用户层可支持多种终端设备和操作系统，满足不同用户的需求，同时还提供多种访问方式，如网页访问、移动 APP 访问、微信小程序访问和 API 访问等。

5.3.2　系统组成

都市农业气象服务平台设计应围绕"数据→产品→服务"的总体思路，至少包含基础支撑系统、业务应用系统、信息服务系统，此外针对业务服务的扩展需求，可设计开发大数据展示、业务众创等系统。

（1）基础支撑系统

基础支撑系统为平台的运行提供统一的数据环境支撑、运行管理支撑、算法模型支撑以及数据接口支撑。一是建立气象为农服务大数据，集约化数据环境。基于"天擎"数据环境制定农业气象资料统一数据标准规范，实现气象网格实况、智能网格预报、卫星遥感、农情等多源异构数据的结构化汇集及融合应用。二是实现平台运行管理。支持多方式管理、配置灵活，提供业务数据管理、服务方案管理、发布渠道管理、系统配置管理等。三是建立算法模型运行调用环境。支持算法模型的建模与分析处理及定制化管理。四是建设通用型数据与产品环境、服务推送接口。构建基于统一框架的共享矩阵，实现数据传输、产品上传、智慧推送的高效协同及农业产业链各环节的全面融入。

（2）业务应用系统

业务应用系统面向农业气象管理人员和业务人员提供业务工作平台，包括情报分析、预报制作、灾害预警等核心业务支撑工具。系统针对人工上传和自动生成的服务产品提供集中管理、审核、发布功能；针对实况监测、预报预警、调查采集、农业概况、基于作物的产品分布、站点及设备分布等数据开展业务监控，同时实现对平台业务运行指标进行统计分析功能，支持对平台运行状况实时监控。

（3）信息服务系统

信息服务系统面向农业生产管理决策、种植养殖大户、农业庄园、农业龙头企业、普通农户等开展农业气象信息发布服务，服务采用差异化方式，通过不同终端进行信息发布共享，包括服务网站、微信端、APP端、微博、短视频、短信、邮件、气象大喇叭、大屏幕以及社会公共传播媒介等。

（4）大数据展示系统

大数据展示系统以大屏数据可视化为主要展示载体进行设计。大屏综合展示页面设计采用主次布局，中间为主要指标，占据页面主要且中心的位置；左右及下方为次要指标，面积较小、较集中，展现数据指标较多。同时针对不同的展示需求，除综合展示页面外，需设计二级展示页面，一方面按照国、省、市、县进行页面重组，另一方面按照服务单品、服务园区等内容进行页面设计，以统计图表、数字、文字、实景照片等形式动态更新展示。

（5）业务众创系统

基于农业气象大数据环境，结合机器学习、深度学习、数据挖掘等人工智能技术，构建智能化农业气象云算法库，以海量数据接入、多角色研究工具、算法模型全生命周期管理等为核心内容提供数算一体的一站式建模和开发，提升都市农业气象核心技术众创研发在数据、算力、算法等方面的支撑和管理能力。

5.4　功 能 设 计

　　都市农业气象服务是通过人工观测与调查、仪器自动观测、卫星遥感等监测技术，获取自然界的物候、农业生产对象的生育期、长势及其所处的环境气象要素、土壤墒情等信息的基础上，通过数据分析、指标判断、模型运算、机器学习等，结合天气气候预报预测结果，为政府决策部门、相关职能部门、企业以及社会公众提供都市农业生产、生活、生态等领域气象保障。其服务内容主要包括农业气象情报、农业气象预报、农业气候资源开发利用等。

5.4.1　农业气象情报

　　情报是都市农业气象服务的基础功能，主要实现对实况资料进行接收、预处理、解译和管理等操作，并结合历史资料进行统计分析、图表绘制，最终形成为政府机关提供决策服务管理以及为生产部门提供公众和专项服务的情报产品。都市农业气象情报的具体功能设计如表5.1所示。

表 5.1　都市农业气象情报功能设计

功能	具体描述
农业气象 条件评价	具有固定时段或自定义时段的农业气象条件分析评价功能。涉及服务产品包括农业气象旬报、月报、季报、年报，以及自定义时段的农业气象条件分析。评价要素包括当前时段光、温、水等气象要素、土壤墒情、作物生长发育状况、气候适宜度等信息以及与历史同期的对比分析
作物生长发育 状况监测	针对粮油作物、经济林果、设施果蔬、观赏性园林花卉等开展发育期、发育时间、发育期距平、发育期百分率、生长状况、植株高度、植株密度等生长发育信息的自动化观测、田间调查、实景监测，形成客观量化的监测数据
农业气象灾害 监测评估	一方面基于农业气象灾害指标体系，开展灾害的动态监测；另一方面基于地面调查及遥感资料，对灾害开展定量监测评估，实现受灾面积计算、产量损失评定
生态遥感 监测评估	包括干旱、洪涝、植被指数、积雪、积冰、地表温度等监测评估
农业气象 保险监测	包括各险种和保险投保分布及对应要素变化、各险种投保约定站点的气象要素变化曲线、各险种开展以来历年保费增长变化及出险情况等信息
基本气象 信息统计	按区域对固定时段或自定义时段的监测要素进行最高、最低、累积、平均、距平等统计值计算
专题图表制作	实现固定时段或自定义时段监测要素及历史同期对比的专题图表客观产品制作。图形绘制包括分析要素历史变化情况的曲线图、立方图等，以及分析要素区域分布情况的等值线（面）分布图、色斑图等

5.4.2　农业气象预报

都市农业气象预报是针对农业生产和市民生活需要编发的天气预报。它从农业生产、市民生活角度出发,采用天气分析、统计分析、人工智能等手段,预测未来天气条件对农业生产生活的影响,帮助农民和市民科学决策、合理安排农事及出行活动,降低气象因素对农业生产和市民生活的风险和不确定性。都市农业气象预报的具体功能如表 5.2 所示。

表 5.2　都市农业气象预报功能设计

功能	具体描述
产量预报	针对粮食及经济作物开展作物面积遥感提取与估算、作物产量气象影响定量评价以及作物产量滚动预测
土壤墒情及灌溉量预报	针对当前土壤墒情及作物所处发育期需水量,结合未来降水预报,滚动模拟土壤水分收支项,得到土壤水分预报量,并判断未来一定时间后土壤水分是否能满足作物生长需要,进而决定是否灌溉及适宜灌溉量
病虫害发生发展气象条件预报	针对作物所处发育阶段、病虫情和气温、湿度、降水、台风路径等相关气象监测预报信息开展病虫害诊断分析,预测病虫害发生发展气象等级,形成等级预报分布图,并匹配对应等级的防范建议
农事活动天气预报	针对粮油作物开展播种、移栽、施肥、植保、采收等农事活动天气预报;针对经济林果开展套袋、遮雨等农事活动天气预报;针对设施作物开展开关风口、揭盖帘、遮阳等农事活动天气预报
农业气象灾害预报	针对各类农业气象灾害预报预警方案适时开展风险信息滚动监测,依据承灾体及致灾因子当前状态及未来发展趋势开展灾害识别及预判,对灾害可能出现的时间、范围、强度、影响以及结束时间等进行研判,形成预报预警信息
物候期预报	针对粮油作物、经济林果、设施果蔬、观赏性园林花卉等采用相邻物候期间隔日数法、物候关联法、积温法、光уле法、经验统计法、机器学习法等多种方法开展作物物候期预报,开展粮油作物关键发育期,观赏性作物花期、果期、转色期以及植源性污染作物开花授粉期、种子成熟期等预报
设施农业小气候要素预报	基于设施内外实况监测及室外气象要素预报,开展设施内小气候要素逐日、逐小时滚动预报

5.4.3　农业气候资源开发利用

农业气候资源是指气候条件中可被利用于农业生产产生经济价值的物质和能量,是有利于人类生产和生活活动的气候条件,包括光资源、热量资源、水分资源、大气资源和风资源组成。农业气候资源的开发利用要重点解决气候资源的时空分布规律及其与农业生产对象和农业过程的关系、气候条件与农作物生长发育及品质形成的关系、气候条件与农业气象灾害、病虫害的关系以及气候条件与农技措施的关系。并在以下三个方面开展应用:一是要在科学认识和实践的基础上,注意尊重客观规律,做出适宜、合理的农业布局;二是要合理、充分的利用气候资源,培育良种,挖掘农业气候资源潜力,以建成高产、优质、高效农业;三是要注意气候变化背景下灾害对资源的制约,增强抗灾、防灾意识。都市农业气候资源开发利用的具体功能设计见表5.3。

表5.3 都市农业气候资源开发利用功能设计

功能	具体描述
热量资源评估	根据界限温度、积温指标等开展热量资源评估
光能资源评估	根据光合有效辐射、生育阶段日照时数等指标开展光照资源评估
水分资源评估	根据生长季内降水、作物需水量、作物耗水量、水分盈亏等指标开展水分资源评估
综合资源评估	根据热量、光照、水分资源,逐级开展光合生产力、光温生产力、气候生产力评估
农业气候风险评估	根据农业气象灾害发生频率等开展农业气候风险评估
农业气候区划	针对农业生产中的主要气候问题,找出温度、光照、降水等关键气候因子和关键时期,确定指标,进行农业气候条件分析;进而建立区划系统、确定区划指标值,进行分区及评述
农业气候可行性论证	采用"调查研究→分析计算→组织讨论→编写论证报告"的工作程序,针对农业生产出现的气候问题及规划合理性,围绕特定区域特定农产品特定种养殖模式,开展背景调查、资料分析、指标遴选、模型构建、等级划分
农产品气候品质评估及溯源	针对农产品气候品质评估流程,开展气候品质形成过程跟踪调查及气象条件分析,为生产者提供当季防灾减灾技术和提质增效措施建议,形成气候品质评估报告、证书及标志,以二维码溯源技术开展气候品质追溯

5.5 案例

气象部门作为提供都市农业气象服务的主体,近年来,通过需求牵引、服务聚焦,先后形成了一批服务大城市农业发展的气象模块及系统平台,通过灵活多变的服务内容和方式将气象服务信息融入都市农业生产生活。

5.5.1 天津"天知稻"气象服务平台

小站稻是天津传统的特色优质农产品。为深入贯彻落实习近平总书记关于小站稻的重要指示精神，按照天津市政府《天津小站稻产业振兴规划》《天津市小站稻产业振兴实施意见》的总体布局，天津市气象部门制定《小站稻产业振兴气象服务实施方案》，围绕天津小站稻优势种植区，整合资源，创新思路，打造"互联网＋现代农业＋智慧气象"的小站稻服务模式，形成"天知稻"气象服务品牌及平台，推出产前、产中、产后全程服务链，保障小站稻安全高效生产，助力小站稻品牌振兴。

5.5.1.1 设计理念

"天知稻"气象服务平台围绕稻米产前、产中、产后整条服务链，以气象保险＋服务减损＋品质评估的产品组合，降低产销风险，把前端预防、风险对冲的理念渗透到后端事故损失补偿机制中，形成"气象＋保险"的新模式（图5.2），将产中精细气象服务和产后品质溯源作为保险产品的增值服务提供给种植户，达到出灾前服务减损，成灾后保险兜底，无灾时品牌增效的目标，为小站稻种植户提供了最大化的"风险对冲"解决方案，有效串接和盘活了生产各环节的气象服务价值，达到农业防灾减灾和提质增效的目的，气象风险预警和定制化保险的加持让农村防灾减灾能力得到提升，农业技术（简称农技）指导和气候品质评估使农民增产增收效益显著。

图5.2 天津市小站稻"气象＋保险"服务模式结构

（1）产前：为小站稻生产的科学决策提供气象保障

在气象部门与保险部门前期研发稻谷气象指数保险及品质气象保险的基础上，开通线上农业保险（简称农保）精算（图5.3），同时开展种植年景预测和气象灾害风险预估服务,方便种植户了解风险并选择农业保险,做好不利天气的风险保障,让农户种得安心。

图 5.3　天津市小站稻线上农保服务模式

(2)产中:为小站稻生产的科学管理提供气象保障

围绕小站稻周年生产安排,形成周年气象服务方案(图 5.4)。利用物联网监测设备、精细化网格预报、水稻作物模型及病虫害预报模型等技术手段,靶向推送预警信息和农技指导,通过气象服务规避灾害风险,增加稻农风险防控能力,最大限度地减小了不利天气对稻米的影响,减小了保险理赔启动概率,让农户管得省心。

图 5.4　天津市水稻周年服务内容

(3)产后:为小站稻的销售提供气象支持

围绕小站稻生产全过程进行数据跟踪和信息采集,待稻谷成熟后开展水稻气候品质评价和信息溯源工作(图 5.5),作为品质保险理赔和优质稻米评估的重要依据,实现品质不足保险兜底,品质达标品牌增效的风险对冲方案,为绿色优质稻米贴上认证标签,提升品牌公信力和产品价值,让农户卖得称心。品质评估与保险理赔并举,提升品牌价值,保障稻农收益。

图 5.5　天津市水稻气候品质评估(上)及信息溯源(下)界面

5.5.1.2　服务应用

"天知稻"气象服务平台聚焦本地水稻种植基地,布设农田小气候观测仪及物联网设备,打通数据、模型、产品、合作多个环节,形成针对种植户和合作社的服务应用及信息反馈机制。平台由前端(天知稻微信公众号)和后端(Web 管理平台)组成。其中公众号提供基于点位的气象预报预警信息及关键农时农事预报产品,并围绕小站稻产前、产中、产后开展气象指数保险测算、全过程农技指导及小站稻气候品质评估溯源三大功能板块;而 Web 后端管理平台围绕前端服务功能提供后端模型参数配置、产品配置、公众号设置及服务管理等主体功能(图 5.6)。

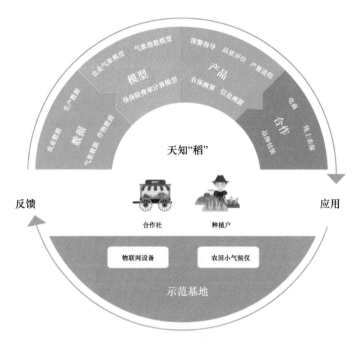

图 5.6　天津市"天知稻"服务闭环示意图

（1）农用天气预报预警推送

在水稻整个生长发育期内，易受到大风、高温、暴雨、冰雹等气象灾害的影响，平台对接天津市突发公共事件预警信息系统，基于用户地理位置，主动推送精确到区（县）一级的气象预警服务信息；同时针对水稻关键农事农时发布农事活动指导预报、农用天气预报等专题推文，推送到用户手中，让用户第一时间了解农业气象预报预警信息，及时开展农事活动及防灾减灾措施（图5.7）。

（2）水稻气象指数保险测算

公众号灾害保险模块提供水稻气象指数保险、气候品质指数保险测算及保险知识库功能，用户通过保险测算器，选择投保种类、种植面积即可生成用户专属的理赔金额，并且根据所在区域动态计算过去 10 a 的赔付情况，便于种植户掌握理赔情况。保险知识库链接了农业保险政策及农业保险知识，帮助农户了解农业保险发展形势，引导农户科学投保，防灾减灾。高温指数保险是以与农作物产量高度相关的最高气温为保险赔付依据的保险产品，以特定气象站测量的事先规定时段内的日最高气温指数来进行赔付（图5.8）。品质险是以影响水稻品质和产量的气象要素（温度、光照、降水、风速）及各生育期出现的气象灾害（旱害、涝害、低温冷害、高温热害）为保险赔付依据的保险产品，以水稻生长关键期内各气象要素的综合评价指数来进行赔付。

图 5.7 天津市水稻气象预警信息及关键农时农事预报产品推送截图

图 5.8　天津市水稻气象指数保险、气候品质指数保险测算及保险政策信息界面

（3）网格化农事指导服务

公众号农技指导模块按区域、作物品种及生长阶段建立农作物种植指导解决方案知识库，形成小站稻光、温、水气候适宜度模型，基于气象智能网格预报数据、实况监测数据及历史气象数据动态生成种植户所在网格点的气象条件预报和气候适宜

度产品,为用户提供精细化的气象指导预报,并根据水稻所处农时提供农事指导信息,提醒种植户合理规划开展种植管理(图5.9)。

图5.9　天津市水稻生长季气象要素、气候适宜度网格预报及农事建议界面

(4)气候品质评估及溯源

平台根据相关稻米品质研究资料,以及国家稻米品质标准、省级标准等数据,确定关键生育期气象因子对稻米品质影响,结合基地水稻种植过程中气象实况数据(逐日气温、有效积温、日照时数、相对湿度、降水量等)以及后期检测的大米品质理化指标分析数据,分析当年水稻生育期间气象条件对稻米品质的影响,制作相关气候品质评估报告。同时依托溯源基地,对水稻进行全生长周期气候数据的采集及监控,跟踪收集溯源生产档案资料,包括全生育期种植管理、化肥、农药使用情况的图片文字资料,形成可视化素材,结合当年气候条件和历年数据分析比对,形成农作物气候信息溯源依据,生成专属二维码标签。消费者通过手机扫描二维码即可跳转到小站稻溯源展示板块,可直接获取农产品生长地环境和生长周期气候状况等气象信息,实现了农产品信息溯源(图5.10)。

图 5.10　天津市水稻气候品质溯源界面

（5）Web 端管理系统

Web 端管理系统聚焦"一区一品"的服务逻辑，按照"数据→模型→产品"的建设思路，针对当地建设现代农业标准化小站稻种植示范基地，应用互联网、大数据和云平台等技术，进行本地实际生产环境参数配置，完成模型驯化，形成一地一策的配置方案，开展差异化服务，打造"互联网＋现代农业＋智慧气象"服务新模式。整个管理系统分为模型、产品、终端、系统四大配置板块，系统的功能结构如图 5.11 所示。

管理系统			
模型	产品	终端	系统
气候适宜度模型 ——湿度适宜度模型 ——日照适宜度模型 ——降水适宜度模型 品质指数保险 气象指数保险	产品配置 ——作物生长期 ——农产品档案 ——生育（物候）期 服务产品 ——农技指导 ——气候信息溯源 ——服务提醒通知 示范园（田） ——示范田管理 灾害保险 ——保险知识库 合作企业 ——企业档案	公众号配置 ——菜单管理 ——自动回复	系统配置 ——角色管理 ——操作员管理 ——资源管理 ——菜单管理 操作日志 ——系统日志 ——登录日志

图 5.11　管理系统功能结构

模型管理包括温度适宜度模型、日照适宜度模型、降水适宜度模型、品质指数保险模型、气象指数保险模型，参考模型文档调整模型配置及参数，通过接口获取的方式推送到微信客户端（图 5.12）。

图 5.12　模型管理界面

产品管理包括通过配置小站稻生育期,根据小站稻生育期、区域生成不同产品的农技指导,结合溯源基地,对小站稻进行全生长周期气候数据的采集及监控,跟踪收集溯源生产档案资料,结合当年气候条件和历年数据分析比对,形成农作物气候信息溯源依据(图5.13)。

图5.13 产品管理界面

5.5.2 天津"丰聆"智慧农业气象服务系统

都市农业场景多、经济附加值高、气象敏感性强,传统的服务产品和服务模式已远不能满足都市农业气象多元化的服务需求,需要在服务产品、服务技术、获取渠道等方面开展基于场景的个性化服务探索。为此,天津市气象部门聚焦农业多元服务场景,面向新型农业经营主体开展智慧化、专业化、全过程伴随式气象服务,提出气象服务"供销社"模式解决方案,打造面向农业生产场景的专属气象服务品牌——"丰聆",以便携采集终端、数据产品云、微信小程序为云、端组合,以服务众创为发展模式,以设施果蔬、露地粮油等种植业生产为主要服务场景,利用智能观测、智能预报、智慧服务等技术,实现基于位置和场景的高时空分辨率气象服务产品加工推送,为农业生产者提供安全可靠、弹性伸缩、按需供给的精细化气象服务,助力农业高效安全生产。

5.5.2.1 设计理念

"供销社"整个网络结构由便携式采集终端、数据产品云、微信小程序共同组成"一云两端","端"用来解决特色观测和个性化服务需求,"云"用来负责产品需求分析、加工及精准推送。云平台采用分布式存储,分别形成数据服务器、计算服务器及产品服务器。监测设备采集信息实时云化,平台利用基于位置、场景明确的农田小气候数据,匹配历史气候资料、当前实况天气以及智能网格预报产品,实现了多源数据的画像匹配,并进一步利用包括统计指标、环境模型、作物模型、气象适宜度评价模型、病虫害气象潜势预报模型、农事活动管理模型等在内的算法模型库加工形成农事指导建议,为用户形成分区域、分品种、分灾种、分时段的精细化产品集,实现由数据、算法到产品的"中央厨房",最终上架到农业气象服务"供销社",向用户精准靶向推送产品。

(1)农田小气候监测设备设计

都市农业,尤其是设施农业,受地理位置、建筑结构、种植习惯、管理措施等方面因素影响,其内部的环境条件差异较大,需要研发可移动、便携式、经济实用的监测设备,为开展精细化设施农业环境监测、分析、预报、预警服务提供数据支撑。天津市气象部门基于农田小气候社会化观测的需求,研发并批量生产了"丰聆"系列便携式智能小气候监测仪。该设备搭载了光照、空气温度、空气湿度传感器,并预留航空插头接口支持土壤温湿度传感器的扩展,最多可实现五种农业生产关键环境要素的采集;设备内置一块锂电池,可短期供电,并配有 USB TYPE-C 接口及太阳能板,实现室电及太阳能稳定供电;正面有一块液晶屏,触控可显示设备状态及采样信息;配有两套安装组件,可实现悬挂和地插两种安装模式,适用于多种生产场景;设备采样信息及 GPS(全球定位系统)定位通过物联网卡实时云化,设备与微信小程序绑定使用,每台设备配有专属小程序码,实现"一站一码",实现对当前站点信息的快速扫码注册、浏览等功能。设备售价在千元级,真正做到了"测量级精度,消费级价格",可以满足农业生产多样化社会观测需求(图 5.14)。

(2)服务方式设计

开发"丰聆"微信小程序,通过"丰聆商城""我的丰聆""我的服务"三个功能模块动态实现了产品订购、场景订制和服务订阅。其中"丰聆商城"上架硬件设备、算法模块、定制服务等各类专业服务产品,用户根据需求完成订购,订购后自动添加到"我的丰聆",用户在此完成对所购产品的私人定制,实现设备、应用、数据及农场的管理,最终配置好的产品将出现在"我的服务"板块,用户根据喜好浏览各类订阅信息,系统依据用户设置的阈值触发环境告警并推送气象预报预警信息。

图 5.14 "丰聆"小气候监测站悬挂(左)及地插(右)实拍图

（3）服务平台运营模式设计

"供销社"开放数据和产品接口，吸引高校、科研院所、科技企业、事业单位或技术农户等社会资源参与"供销社"建设。一方面采用多元化供给方式，形成围绕不同作物生产场景的服务产品体系；另一方面建立以需求为导向的服务产品供给机制，形成"自下而上、以需定供"的互动式、菜单式服务，依据用户的个性化需求完成定制化开发。"供销社"秉承"产品有用就有价"的市场思维，以市场化标准评价服务效益，开展服务交易，实现气象服务产品商品化，坚持"谁服务，谁收益"的商业运营思路，促进服务价值进阶转化，为不同服务供应商搭建从技术实现到效益转化的通道，充分发挥资本和技术优势，实现科技成果市场转化，繁荣服务市场，形成正向循环发展模式。

5.5.2.2　服务应用

针对都市农业气象服务对象灵活多样的特点，围绕数据监测、阈值报警、室内外环境预报、场景农事服务、设备共享等诸多功能建设微信服务小程序，实现基于用户画像的定制化服务终端，形成以个例服务为应用场景的服务模式。

（1）设备绑定

用户购买"丰聆"系列小气候监测仪后，通过手机扫描设备左侧的小程序码即可完成绑定（图5.15），成为设备管理员，管理员拥有设置设备阈值告警、授权设备分享、下载数据、购买设备信息服务等权限。设备被扫码绑定后，其他用户再次扫描只能申请成为子用户或浏览用户，不具备上述权限。

（2）"丰聆商城"

用户登录自己的设备主页后，下方有三个功能页面，分别为"我的服务""丰聆商城"和"我的丰聆"页面，"丰聆商城"提供算法模块、硬件设备、定制服务、线上咨询等功能，用户在商城购买的服务直接链接到"我的丰聆"页面进行自定义设置，设置好即关联到"我的服务"页面（图5.16）。

图5.15　扫码绑定设备页面

图 5.16 "丰聆商城"页面

"丰聆商城"商品分为公共应用和设备应用两大类,其中公共应用购买时不需要跟设备进行绑定(图 5.17),如:室外天气预报服务;而设备应用购买时需要选择服务对应的站点,如:积温统计。

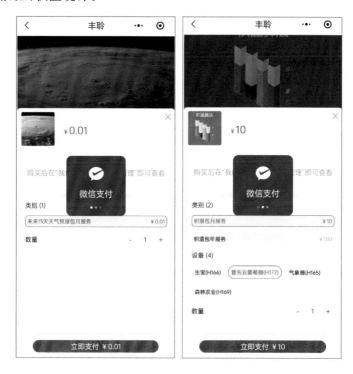

图 5.17 "丰聆商城"购买服务支付页面

(3)"我的丰聆"

"我的丰聆"板块目前开放了标签管理、设备管理、应用管理、数据下载四个模块。

①标签管理。供用户创建属于自己农田的专属标签(图 5.18)。标签类型包括农场标签、生产场景标签、作物标签三类,分别用户标记农户生产所在位置、种植类型以及栽培品种,用户创建好标签后,可将标签标记到监测设备,系统基于监测设备的使用场景开展差异化服务。

② 设备管理。用于以管理员身份管理自己的设备和以子用户身份申请查阅他人的设备,设备管理页面动态显示设备数量、状态、申请及待审核信息,点击进入到设备列表页面可以看到具体设备标签及状态信息(图 5.19)。

选择"我的设备"中某一站点,点击进入到设备详情页面,页面包括用户管理、应用管理、标签管理三部分,在该页面可以对设备昵称进行修改,并可以通过点击"分享设备"按钮将分享链接发送给微信好友,还有点击链接即跳转到申请"子用户"界面。在用户管理界面可以看到哪些子用户绑定了该设备,并可以将用户进行解绑移除操作；在应用管理界面可以对应用进行隐藏/可见设置；在标签管理处可以对三类标签匹配已经创建好的标签信息，为开展精准匹配服务提供信息反馈（图 5.20）。

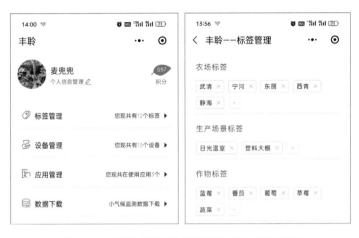

图 5.18 "我的服务"主页及标签管理功能页面

图 5.19 "我的服务"主页及标签管理功能页面

图 5.20 "我的设备"中设备详情界面

同理,选择"他人设备"中某一站点,点击进入到"设备详情"界面,页面包括管理员、查看应用、查看标签三部分(图 5.21),子用户在该页面只能查看不能修改,点击页面右上角"解绑"按钮可以解除对该设备的绑定。

③ 应用管理。用于管理用户所购买的公共应用和设备应用,公共应用不绑定设备,所有应用产品适配所有监测设备,而设备应用购买时需绑定设备站点号,只有绑定的设备在浏览该设备服务主页时才会显示具体应用信息(图 5.22)。应用管理页面显示各应用剩余服务时间,并支持续费快捷跳转,用户点击"续费"按钮,直接跳转到该应用的订单页面。

图 5.21 他人设备中设备详情页面

图 5.22 应用管理页面

图 5.23　数据下载页面

④ 数据下载。页面提供最长 30 d 的数据下载功能。管理员点击进入后，选择站点、起始日期、终止日期以及要素，支持本地下载和邮箱下载两种方式(图 5.23)。

(4)"我的服务"

用户绑定监测设备、购买应用并完成个人设置后，相应服务功能即在"我的服务"版块呈现，主要包括实况监测数据、阈值告警、历史数据、预报数据、预警信息、统计指标、菜价变动、丰聆@地区、丰聆@作物等内容(图 5.24)。

① 实况及历史监测数据。"我的服务"首页最上端为实况监测，显示设备实时空气温度、空气湿度、光照度、土壤温度、土壤湿度、电压、更新时间、地理位置等信息；历史监测可以查阅过去 1 d、3 d、7 d 气象要素变化(图 5.25)。

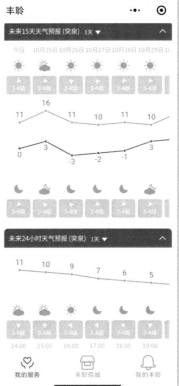

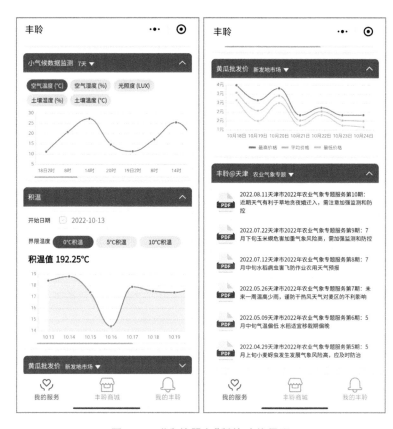

图 5.24 "我的服务"版块功能界面

② 阈值告警。阈值告警需要用户关注"丰聆科技"服务号才能进行告警信息推送,为方便用户添加关注,在丰聆小程序"我的服务"页面顶端,会根据用户是否关注了"丰聆科技"服务号来弹出提示框提示用户关注(图 5.26)。

图 5.25 实况及历史气象要素监测界面

图 5.26 "丰聆科技"服务号关注提示

　　关注后,点击设备实况监测页面中间的"定制预警"三角区域,弹出要素监测告警设置页面,用户选择对应的预警类型,设置告警阈值,选择底部的"是否开启本设备的服务号预警推送功能"滑块,即可实现基于实况监测数据的预警信息推送(图 5.27)。阈值只能由管理员进行设置,管理员和子用户均可以选择是否推送预警信息。

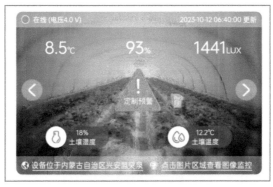

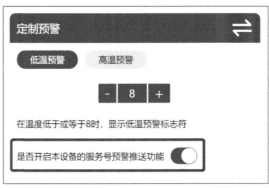

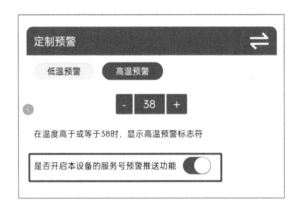

图 5.27　基于要素实况监测的定制预警界面

开始预警信息推送功能后,系统根据监测数据和阈值进行动态判断。以温度类预警为例,当监测温度低于低温阈值或温度高于高温阈值时,向用户推送"设备告警通知";当温度重新回归到适宜区间时,向用户推送"设备告警恢复通知",用户可通过服务号点击通知消息一键进入小程序查阅当前设备的监测信息(图 5.28)。

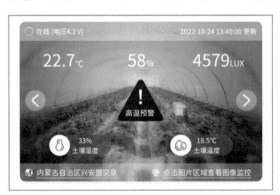

图 5.28　设备告警及恢复信息通知

③ 预报预警。小程序默认基于设备位置提供室外气象预报预警信息,预报包括 15 d 及未来 24 h 预报(图 5.29)。

图 5.29　气象预报预警信息服务

④ 统计指标及菜价变动。基于农田小气候监测站,开展极值、均值、累计值等统计指标的计算,同时链接各地主要批发市场菜价变动(图 5.30)。

⑤ 分区域分作物服务产品。针对不同用户关注区域上架国省市县四级农业气

象服务产品;针对农作物单品,基于作物模型、气候适宜度模型、病虫害气象潜势预报模型、农事管理模型等,围绕作物生长发育进程、产量、气候条件评价、病虫害发生发展适宜度、揭盖帘通风等农事操作,开展预报。图5.31为"丰聆@全国""丰聆@温室番茄"服务内容。

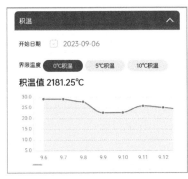
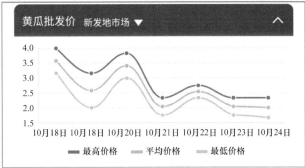

图 5.30 统计指标及菜价信息变动服务

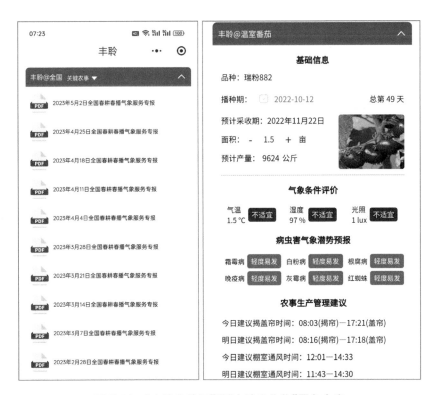

图 5.31 "丰聆@地区"及"丰聆@作物"服务内容

147

5.5.3　重庆知天·智慧气象为农服务系统

"知天·智慧服务系统"是基于重庆市气象部门统筹建设的气象业务基础云平台进行设计开发建设的,系统以"需求智能感知,产品个性化定制,智能推送"为目标,根据数字政府、数字社会和数字经济发展需要,以重点行业、重点区域、重点人群等数据为基础,整合气象、农业、水文、交通、地质、灾情等多种数据资料,建设形成的新一代集约化智能化气象服务系统。

"知天·智慧气象为农服务系统"作为"知天·智慧服务系统"的一个重要分支,依托云平台提供集约统一的数据体系、计算框架、监控管理框架,紧密结合重庆市丘陵山地气候特点及山地特色高效农业生产特点和需求,形成市区(县)一体化的智慧气象为农服务系统,实现数据的管理交互和产品的制作发布等,以及资料和产品等内容的共享。

5.5.3.1　设计理念

针对农业气象服务系统建设中集约化程度不足、服务产品生产智能化程度较低、服务平台的互动智能化水平不高的现状,重庆市气象部门提出建设智慧服务"知天"系统的目标:一是形成智慧气象服务基本支撑能力,通过构建支撑重庆智慧气象服务发展的数据环境,搭建智慧气象服务引擎和开放式架构的智慧气象服务平台环境,形成"云+端"气象服务格局,建成标准统一的气象服务产品智能生产的基础支撑体系;二是建立基于用户行为分析和感知技术的行为分析系统,构建为农服务场景,发展基于场景定制、用户需求自动感知的农业气象服务;三是发展基于风险、基于影响的农业气象服务,通过农业气象领域多源数据汇集和挖掘,建立基于影响的为农服务指标、算法,构建以用户为中心的服务供给体系,实现全过程、全链条的气象服务保障。"知天·智慧气象为农服务系统"包括农业气象大数据管理及分析应用子系统、农业气象业务子系统以及信息服务子系统三部分。

(1)大数据管理及分析应用子系统

按照农业气象数据标准构建大数据标准体系,汇集农业产业基础数据,基于市局"气象+大数据云平台",建立特色农业大数据库,对接智慧气象为农服务系统业务端、服务端。开发大数据管理子系统,对大数据采集、存储、应用、共享、产品形成全生命周期进行管理。通过卫星遥感影像,结合地面数据的收集整理、计算反演等手段,建立重庆柑橘、花椒、榨菜等作物种植分布基础数据集。开发农业气象大数据分析应用子系统,实现数据挖掘、深度学习、人工智能等大数据技术在农业气象业务中的应用,为智慧气象为农服务系统提供全面的数据支撑,对农业气象大数据进行全时间尺度、大范围分析并展示。

(2)农业气象业务子系统

智慧气象为农业务系统作为整个"知天·智慧气象为农服务系统"的核心和底层支撑,由农业气象监测、农业气象预报、农业气象评估、精细化产品制作发布、系统管理等功能模块组成。

(3)信息服务子系统

按照"组件化"的建设思路,智慧气象为农气象服务系统分为前端+后端进行建设,对前端的主要功能进行组件化开发,组件按照需求组成门户网站、大数据平台和农业天气通 APP,组件由统一管理后台提供数据支撑。其中门户网站和大数据平台分别面向产业基地、特色农业气象服务中心以及市/区县气象部门进行部署。管理后台支撑门户网站、大数据平台和农业天气通 APP 的后台管理,根据基地、区县局、市局、专家不同的角色权限,分配不同的功能模块。

5.5.3.2 服务应用

通过"知天·智慧气象为农服务系统"的建设,一是形成涵盖农业气象观测、作物遥感识别和包含高标准农田等服务对象的农业气象服务"一张图";二是发展"气象格点实况预报+农业气象指标模型"的精细化农业气象业务技术,实现了基于市、区(县)、乡镇行政区域和农户田块的精细化农业天气预报产品集约化、智能化制作,为市、区(县)级用户提供了统一的数据和业务产品;三是通过智慧气象为农服务网和农业天气通 APP 向决策用户和新型农业经营主体开展直通式服务。

(1)建设智慧农业气象服务"一张图"

包括四个数据集,粮食安全和特色产业数据集,涵盖了 20 个农业产业园、13 个粮食生产万亩示范片、520 个重点产粮乡镇、1108 个蔬菜基地、2505 个玉米大豆带状复合种植地块、780 余万亩高标准农田地块的位置、面积和生产基础数据。多源卫星反演农业基础信息数据集,提取了全市水稻、玉米、油菜种植分布信息。农业生产决策、经营者基础信息数据集,包括 105 个专业大户、698 个家庭农场、2359 个农业企业、7078 个农业合作社的田块位置、种植管理及责任人数据。农业气象平行观测数据集,包括 13 个农业气象观测站平行观测数据以及 185 个土壤水分观测站、70 个小气候观测站等数据(图 5.32)。

(2)开发市区县一体的智慧农业气象业务平台

创新发展"气象格点实况预报+农业气象指标"的精细化农业气象业务技术,目前研发了涵盖精细化农时农事预报、生育期预报、病虫害防治、农业气象灾害预报等 4 类 1 km×1 km 分辨率产品 22 种,为基于位置和作物的气象服务提供基础支撑。系统搭建了由可视化建模、自动化运行和智能化发送等模块组成的农业气象精细化产品业务单元,可实时抓取作物发育期、气象要素、地理范围等数据,通过算法进行数据加工和地理空间插值,获得业务模型所需的格点数据;通过模型分析处理精细化格点预报数据及农业气象指标,最终生成精细化格点产品,系统还提供格点产品交互订正功能,实现任意区域绘制、表达式计算、条件计算等多种方式的格点产品区县交互订正;联合农业部门,针对水稻、玉米、柑橘、茶叶等 10 余种粮经作物,构建了高温热害、干旱、阴雨、冷冻害等不同等级农业气象灾害应对农技措施 340 条,根据作物类别、所在区域、生育阶段及触发阈值可实现任意位置、分作物的农业气象灾害预警和应对措施的智能匹配(图 5.33)。

图 5.32 重庆市智慧农业气象服务"一张图"

图 5.33 重庆市智慧农业气象业务平台

系统打通技术、数据、产品和服务各环节,基本实现了基于市、区(县)、乡镇行政区域和农户田块的精细化农业天气预报产品集约化、智能化制作,为市、区(县)级用户提供了统一的数据和业务产品,共同提升全市农业气象服务水平。

(3)打造多场景智慧农业气象服务应用端

基于服务对象生产经营的作物类别、田块位置、需求定制等应用场景,开发了Web 网站(图 5.34)和农业天气通 APP(图 5.35),实现了基于用户位置、作物和需求的服务靶向推送,支撑了三峡柑橘、涪陵榨菜、重庆茶叶、江津花椒、巫山脆李等特色作物智慧气象服务示范基地为全市 2.5 万余户新型农业经营主体提供直通式服务。

图 5.34 重庆智慧气象为农服务网站

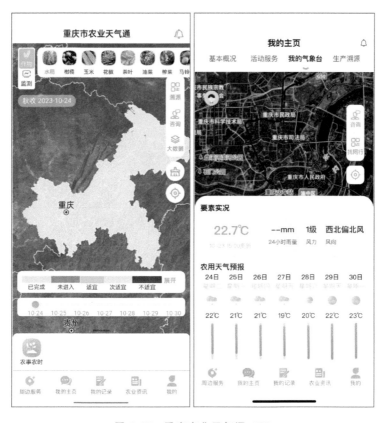

图 5.35　重庆农业天气通 APP

5.5.4　广州智慧农业气象服务平台

广州智慧农业气象服务平台通过"1+1+3+N"(即:一张网、一中心、三平台、N应用)的智慧农业气象服务规划和布局,将大数据、物联网、人工智能、互联网+等新一代信息技术与传统农业、气象为农服务深度结合。平台围绕现代气象为农服务体系建设,强化农业气象资源要素数据的集聚利用,丰富农业气象服务于农业生产、农业经营、农业管理和农业服务等领域大数据创新应用,提升农业生产智能化、管理高效化、服务便捷化的能力和水平。整个智慧农业气象服务体系在一张网(即农业气象数据智慧立体感知网)的基础上,重点研发一中心、三平台(即:智慧农业气象大数据中心、智慧农业气象业务支撑平台、智慧农业气象服务平台、广州农业气象微信平台),并开展病虫害智能识别、气象指数保险、花期预报、"惠农"智库、模型超市等应用模块的开发。

5.5.4.1　设计理念

(1)不同用户群体设计

广州智慧农业气象服务平台,既是业务平台也是服务平台。平台秉承以人为本的服务理念,设置业务人员、生产者、保险人员和游客共四大类用户类别,并根据不同用户群体,按照实际工作需求,设计不同的场景功能,将用户的需求深化到软件开发过程中。各用户类别的功能设计如表5.4所示。

表 5.4　用户类别划分

用户类别	使用群体	平台
业务用户	市、区两级气象业务人员	主要使用业务平台,业务平台以农业气象监测、评估、预报、预警为主线,实现数据统计分析和服务产品自动制作,提高业务人员科学决策的效率
生产者	农业产业划分:水稻种植户、蔬菜种植户等;管理层级划分:农业龙头企业、供销合作社等	广州农业气象公众号以生产者为中心,针对不同群组,在作物不同生育期、不同农事季节和农时活动对气象服务的需求,结合精细化网格产品,采用定向消息群发方式,及时开展农业气象条件分析、农业气象灾害防御、病虫害防治、农业小气候调控等贴身气象服务,达到"点对点"定制化的精细化服务
保险人员	保险行业、保险公司和保险人员	广州市气象部门与保险公司以平台为载体,共同构筑新型的气象服务体系,帮助种养殖户主动防御气象灾害,有效解决气象预警"最后一公里"问题,体现"数据汇聚共享""智能技术应用""助推产业发展""防范生产风险"等新特点,推动广州种养殖业健康发展
游客	城市居民	公众号的休闲旅游模块,基于用户位置、当前时令、气象指数、景区天气进行智能化景区和路线推荐,围绕"休闲农业"和"乡村旅游",基于精细化指数产品与休闲旅游智能推送服务,提升用户出游气象服务体验,拓展都市农业服务领域,推动绿色生态建设

(2)多元技术融合设计

广州智慧农业气象服务平台融合大数据、物联网、人工智能、互联网＋等新一代信息技术,实现双向互动服务模式、集约化服务体系,形成智能感知、精准泛在、情景互动、普惠共享的新型智慧气象服务生态,助力乡村振兴战略实施。平台立足于"现代气象为农服务体系和农村防灾减灾能力建设",加快智慧气象等现代信息技术的应用,采用"互联网＋服务"的方式,搭建 Web 端的农业气象业务平台和服务平台,微信端的广州农业气象公众号,计算机互联网有利于共享省、市、县三级资源,微信符合用户移动阅读习惯,发挥传播快、受众广、影响力大的优势。利用该系统平台,针对不同的服务对象需求,采用差异化的服务方式,并通过不同的终端进行信息发布共享,针对不同的服务方式,用户可定制不同的精细化服务内容,既可以为农户提供及时的天气预报、气象灾害预警信息、气象实时观测资料和农业气象服务产品等,又可以实现农户和气象业务人员的信息交流、沟通与互动,如反馈需求、问卷调查、灾情上报等。

平台集合自动气象站、农田小气候站、作物观测、智能网格预报数据,融合多种农用预报模型、气候资源区划指标及主要气象灾害指标,构建一体化智慧农业气象大数据,实现农业气象数据采集、存储计算、清洗加工、挖掘分析、可视化、共享交换等一系列基础服务,建设二三维多元地图、农业气象模型超市、病虫害图像识别、基于知识图谱的惠农智库等基础应用,为智慧农业气象大数据创新应用提供平台支撑。

(3)服务模式设计

广州智慧农业气象服务在强化农业气象监测能力,保障都市农业生产安全的同时,不断延伸服务链条,覆盖全产业链与全生产过程。①全产业链。气候资源是农业生产的基础,是决定各种农作物的适宜种植范围及其产量和品质特征的重要因素,而气象灾害和病虫害是农业生产的限制因素,趋利避害合理利用丰富的气候资源是稳产增产的关键。实现精细化的气候资源、种植养殖气候适宜性、气象灾害风险、病虫害风险区划分析,合理开发利用气候资源,实现产业的精细化发展和科学化布局。为名优农产品提供精细化、定制化的农业气象服务,提高地理标志农产品的经济附加值;拓展休闲娱乐、旅游观光、教育研学的服务领域,推动绿色生态建设,积极探索社会化的服务模式,带动科技农业、休闲农业等都市农业产业兴旺。②全生产过程。广州都市农业呈现多元化特征,蔬菜、岭南水果、水产、花卉、种业、休闲农业等产业细分,平台以作物全生育期的监管为目标,以农事作业过程为主线,打造专业化的"农用天气预报+灾害监测预警+病虫害监测预警+气象指数保险+气候品质评估",贯穿"产前-产中-产后"生产全链条的气象服务模式,构建普惠共享的新型智慧气象服务生态,为农户提供精准的农业生产指导,彰显气象"趋利避害"服务能力。

(4)平台架构与技术体系

广州智慧农业气象服务平台,融合大数据、物联网、人工智能、互联网+等新一代信息技术,打造专业化的"农用天气预报+气象灾害监测预警+病虫害监测预警+气象指数保险+气候评价",贯穿"产前-产中-产后"生产全链条的气象服务模式,是基于位置、融合生产、自助定制、按需推送的普惠共享新型智慧气象服务生态,平台架构体系如图5.36所示。

在智慧服务层级,涉及1个大数据中心、1个业务支撑平台、1个服务平台、1个微信公众号和1个微信小程序。具体功能如下。

① 智慧农业气象大数据中心

集合自动气象站、农田小气候站、作物观测、智能网格预报数据,融合多种农用预报模型、气候资源区划指标及主要气象灾害指标,构建一体化智慧农业气象大数据,基于二三维地图、农业气象模型超市、病虫害图像识别、农业气象知识图谱等服务及应用为广州智慧农业气象服务平台提供数据和服务支撑(图5.37)。

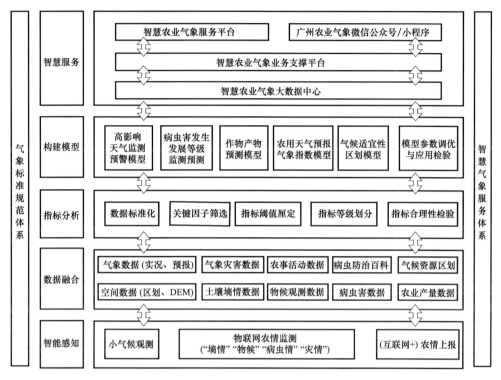

图 5.36　广州智慧农业气象服务平台架构

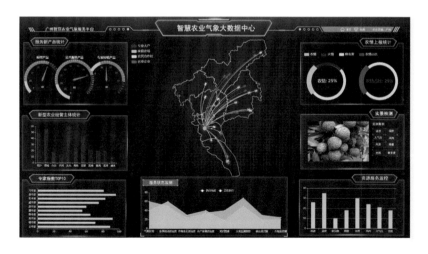

图 5.37　广州智慧农业气象大数据中心页面

　　建设一体化的智慧农业气象大数据，完成气象观测、作物观测、土壤水分观测、农业气象灾害调查、农业气象灾害指数模型、农业气象知识库、农业经济数据、地理信息(行政区划边界、水系、河流、植被、土地利用、数字高程模型等基础数据)等基础信息，农田小气候、农业气象试验、农业气象服务产品等农业气象数据，以及作物生长积温数据、高分辨率土壤数据、农业气候适宜区划、农业气象灾害风险区划、遥感监测数据等在内的专题数据资源的集聚建设，同时通过智慧农业气象服务平台、广州农业气象微信号开展农情上报，调查问卷等方式，收集农情信息、灾害灾情、病虫害等数据，持续完善数据管理功能。

　　构建智慧农业气象大数据采集、存储计算、清洗加工、挖掘分析、可视化、共享交换、创新应用、数据开放等一系列支撑应用，为智慧农业气象大数据创新应用提供技术支撑。

　　② 智慧农业气象业务支撑平台

　　利用农业气象大数据提供的实况预报数据及分析服务，以农业气象评价、农用预报、农业气象灾害监测预警、病虫害监测预警、农业气象指数保险等业务为抓手，实现农业气象监测、评估、预报、预警业务一体化，决策分析、服务产品制作自动化。

　　建设智慧农业气象业务平台(图5.38)，涵盖农业气象评价、农情监测、农用天气预报、作物产量预报、灾害监测预警评估、病虫害发生发展气象等级预报、遥感监测、农业气候资源区划分析、农业气象灾害风险区划分析、服务产品制作与共享等农业气象业务，在业务内网实现农业气象监测、评估、预报、预警业务一体化，实现数据采集支撑入库、业务模型运算、产品制作与发布等业务流程自动化。

　　③ 智慧农业气象服务平台

　　以农业经营主体为中心，针对不同群组，在作物不同生育期、不同农事季节和农时活动对气象服务的需求，结合精细化网格化服务产品，借助"一张图"开展智慧农业气象服务，及时开展农业气象条件分析、农业气象灾害防御、病虫害防治、农业小气候调控等贴身气象服务，达到"点对点"定制化的精准化服务(图5.39)。同时拓展休闲娱乐、旅游观光、教育研学的服务领域，推动绿色生态建设。

　　基于农业气象基础数据和精细化、格点化、图形化等业务产品，借助"一张图"展示智慧农业气象服务产品；结合地理位置与用户身份识别信息，提供"点对点"个性化定制需求服务，用户可以获取感兴趣位置的天气气候、作物生长、农事活动及相关地理信息，也可以实时上传农情、灾情及其他相关信息，实现农业气象大数据社会化收集。分享优秀智慧农业气象服务案例，普及农业气象科普知识，开展参观预约、讲座预约、有奖知识问答带动项目孵化、人才培训等公共服务，加强人才培养、服务支持和技术支撑能力，优化产业发展环境。

图 5.38 广州智慧农业气象业务平台页面

图 5.39 广州智慧农业气象服务平台页面

④ 广州农业气象微信公众号平台＋小程序

广州农业气象微信公众号＋小程序(图 5.40),围绕"提升气象为农服务能力""加强农村防灾减灾能力建设""支持乡村振兴的金融保险政策"等重点服务工作,采用"云＋AI＋端"的服务模式,基于地理位置和用户分类,结合生产信息提供个性化自助式的智慧气象服务,覆盖"农用天气预报＋气象灾害监测预警＋病虫害监测预警＋气象指数保险＋气候评价",贯穿"产前-产中-产后",同时拓展休闲娱乐、旅游观光、教育研学的服务领域,推动绿色生态建设,发挥气象"趋利避害救灾"的服务能力。

基于农业气象精细化、格点化、图形化等业务产品,结合用户画像(地理位置与农户生产信息等),推送"点对点"个性化定制需求服务,实现客户端精细化农业气象灾害监测预警和农用天气预报等服务信息推送,同时共享农情信息、灾害灾情、病虫害等数据,通过在线互动帮助农户及时解决生产难题。

图 5.40　广州农业气象微信公众号及小程序

5.5.4.2 服务应用

(1)气象指数保险服务

气象指数保险服务采用Web系统与微信混合式服务方式,实现气象指数保险业务和气象服务的智能化、精细化。广州气象部门与保险公司以平台为载体,共同构筑新型的气象服务体系,引导种养殖户主动防御气象灾害,有效解决气象预警"最后一公里"问题,体现"数据汇聚共享""智能技术应用""助推产业发展""防范生产风险"等新特点,推动广州蔬菜和水产产业健康发展。

①Web系统

Web系统(图5.41)提供从指数保险承保时的最近站点查询,保单站点关联管理,气象指数模型动态设置,24 h的定时指数模型监测运算和监测分布,到触发理赔条件时的气象证明制作与推送等多个创新功能,实现保险业务智能化、精细化,满足了广州市蔬菜气象指数保险业务工作需要。

图5.41 Web系统

保单站点关联管理。平台根据微信定位获取投保地块位置信息,基于GEO几何运算检索距离最近的5个气象自动站,结合站点近5 a气象实况数据质检评分(气象要素阈值判断与时空一致性检验），智能将最高分站点匹配为保单关联站点，提高投保科学性。

气象指数模型动态设置。根据蔬菜气象指数保险和虾蟹气象指数保险实施方案，制定指数模型及对应的理赔公式。考虑到灵活的模型设置有利于后续模型的新增或调整，平台的气象指数模型管理模块，将气象指数拆分为气象要素、数学运算、临界阈值、逻辑运算、指标等级，运用可视化建模方式（模型实体、数据集、预处理、分析计算、算法等节点可拖曳），实现灵活构建气象指数模型（图 5.42）。气象业务人员根据指标设置页面完成气象指数保险模型的配置，系统后台自动进行转换生成相应的站点气象要素数据统计类 SQL 语句和指数等级判断规则，在指数模型监测运算调度时自动获取站点数据，判定当前站点监测数据的气象指数等级即是否触发理赔条件。

图 5.42　气象指数保险模型

定时指数模型监测运算。气象指数保险区别于传统灾害保险，保险理赔的条件为触发气象指数。平台通过 Quartz 作业调度框架，实现蔬菜气象指数保险和虾蟹气象指数保险指数模型每天 24 h 的定时监测运算，按照气象实况数据质检规则进行数据质控，并判断是否触发理赔条件（图 5.43），当气象指数达到触发条件时，平台自动生成和发布保险理赔的气象证明，保险公司以此为理赔条件，无须农户（企业）报案，大大减轻业务人员的工作量，同时有效解决了定损难、理赔慢的问题（图 5.44）。

指数监测分布显示。以时序列表，GIS 分布图的方式展示监测模型的结果数据，业务人员可以直观了解到，保单匹配的气象站点的监测结果是否触发理赔条件。可选择模型和日期进行历史数据查询，查看分布图上保单和站点的详细数据（图 5.45）。

检索　　搜索

名称：　监测时间：2021-07-26 - 2021-07-27　监测模型：日雨量(20-20)　等级：

序号	保单名称	保单	站号	站名	关联顺序	雨量	监测时间	等级	状态
1	从化区吕田镇水埔村保单	AGUZ121Z4520Q050109N	G3106	从化区吕田镇东升菜场	1	2.7	2021-07-27 00:00:00	无	已启用
2	从化区江埔街黄围村保单	AGUZ121Z4520Q050124S	G3304	从化区江埔街高峰村	1	0	2021-07-27 00:00:00	无	已启用
3	从化区江埔街黄围村保单	AGUZ121Z4520Q050129W	G3304	从化区江埔街高峰村	1	0	2021-07-27 00:00:00	无	已启用
4	从化区江埔街汉田村保单	AGUZ121Z4520Q050146G	G3357	从化区江埔街钓里村	1	0	2021-07-27 00:00:00	无	已启用
5	黄埔区龙湖街何棠下村保单	AGUZ121Z4520Q050150E	G1007	黄埔区九龙镇镇区	1	0	2021-07-27 00:00:00	无	已启用
6	南沙区大岗镇庙贝村保单	P9AJ20204401N000000131	G1016	南沙区大岗镇灵山村（灵山...	1	1.3	2021-07-27 00:00:00	无	已启用
7	南沙区横沥镇新兴村保单	P9AJ20204401N000000132	G3209	南沙区横沥镇新兴村（新兴...	1	8.4	2021-07-27 00:00:00	无	已启用
8	增城区派潭镇黄洞村保单	P9AJ20204401N000000133	G1061	增城正果镇正果大道水利所	1	0	2021-07-27 00:00:00	无	已启用
9	增城区正果镇中西村保单	P9AJ20204401N000000134	G1065	增城小楼镇镇政府	1	0	2021-07-27 00:00:00	无	已启用
10	增城区荔城街道棠厦村保单	P9AJ20204401N000000135	G1065	增城小楼镇镇政府	1	0	2021-07-27 00:00:00	无	已启用

图 5.43　气象指数保险监测

名称：　开始结束时间：2021-01-01 - 2021-07-28　监测模型：日雨量(20-20)

序号	保单名称	保单	站号	站名	关联顺序	雨量	监测时间	等级	所属公司	备注	状态	操作
1	南沙区...	P9AJ20214401N000000044	G3203	南沙区...	1	134.2	2021-07-03	轻	中国人...	--	有效	查看pdf 禁用
2	增城区...	P9AJ20214401N000000081	G3247	增城小...	1	103.6	2021-06-29	轻	中国人...	--	有效	查看pdf 禁用
3	增城区	P9AJ20214401N000000078	G3247	增城小	1	103.6	2021-06-29	轻	中国人...	--	有效	查看pdf 禁用
4	增城区	P9AJ20214401N000000075	G3247	增城小...	1	103.6	2021-06-29	轻	中国人	--	有效	查看pdf 禁用
5	增城区...	P9AJ20214401N000000069	G3247	增城小...	1	103.6	2021-06-29	轻	中国人...	--	有效	查看pdf 禁用
6	增城区...	P9AJ20204401N000000138	G3247	增城小...	1	103.6	2021-06-29	轻	中国人...	--	有效	查看pdf 禁用
7	增城区...	P9AJ20214401N000000057	G3247	增城小...	1	103.6	2021-06-29	轻	中国人...	--	有效	查看pdf 禁用
8	增城区...	P9AJ20214401N000000056	G3247	增城小...	1	103.6	2021-06-29	轻	中国人...	--	有效	查看pdf 禁用
9	增城区	P9AJ20214401N000000086	G3247	增城小...	1	103.6	2021-06-29	轻	中国人	--	有效	查看pdf 禁用
10	增城区	P9AJ20214401N000000086	G3247	增城小...	1	103.6	2021-06-29	轻	中国人	--	有效	查看pdf 禁用
11	增城区...	P9AJ20214401N000000058	G3247	增城小...	1	103.6	2021-06-29	轻	中国人	--	有效	查看pdf 禁用
12	增城区...	P9AJ20204401N000000143	G3247	增城小...	1	103.6	2021-06-29	轻	中国人...	--	有效	查看pdf 禁用
13	增城区...	P9AJ20204401N000000144	G3247	增城小...	1	103.6	2021-06-29	轻	中国人...	--	有效	查看pdf 禁用

图 5.44　气象指数保险证明自动生成

② 微信客户端

微信客户端是面向保险公司、种养殖户两种用户提供天气实况查询、天气预测预报、气象灾害预警发布、气象灾害风险区划、气象保险宣传、气象灾情上报、反馈与建议、用户信息录入等创新服务，实现“指数保险政策宣传引导＋气象灾害风险区划分析＋保单站点匹配＋指数实况监测＋气象证明推送”，贯穿“投保前-投保中-投保后"全链条的气象服务模式,发挥气象服务在农业生产中趋利避害的重要作用。

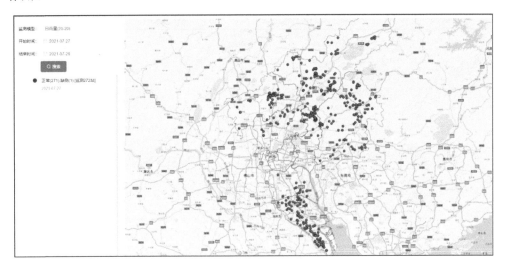

图 5.45 广州蔬菜气象指数保险监测分布图

　　保险人员、农户可通过微信客户端获取定制式和个性化的气象服务。利用微信公众号获取用户地理位置,结合用户定制的气象阈值预警及上报的种植养殖信息,进行用户的服务群组划分,实现用户画像。针对不同群组,在不同生育期和不同农事季节、农时活动对气象服务的需求,结合精细化网格产品,采用定向消息群发方式,及时开展农业气象条件分析、农业气象灾害防御、病虫害防治、农业小气候调控等贴身气象服务。基于 GPS 的精准靶向服务技术,为特定的需求人群提供特定的气象服务产品,开展个性化服务,逐步实现差别化的精准气象服务,真正做好气象监测和预报预警服务(图 5.46)。

　　微信客户端提供气象灾害风险区划(图 5.47),根据微信定位拾取高影响天气的风险等级,以及代表观测站的本月与近 10 a 的气候概况,包括平均气温、最高气温、最低气温、累积雨量、日照时数、平均风速、最大风速,有利于保险人员根据投保地块位置开展气象灾情评估,积极推广气象指数保险产品;也有利于保险人员根据区划和投保情况,分析保险潜在发展区域和潜在发展客户,精准开展产品的宣传推广。

　　保险人员根据微信客户端的天气预测预报、气象灾害预警发布,及时提醒农户提前主动做好气象防灾减灾工作,有效解决气象预警"最后一公里"问题,凸显气象指数保险产品鼓励投保户主动做好气象灾害防御的优点。以平台为载体,协同"政府＋企业＋种养殖户"不断创新服务内容和方式,建立社会化气象灾害防御体系。

图 5.46　定制式和个性化气象服务

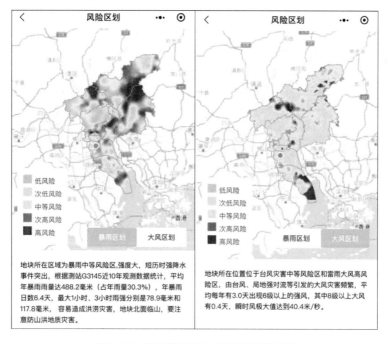

图 5.47　广州暴雨和大风灾害风险区划

（2）其他服务应用

① 个性化精准化服务

利用微信公众号获取用户地理位置,结合用户定制的气象阈值预警及上报的种植养殖信息,进行用户的服务群组划分,实现用户画像。针对不同群组,在作物不同生育期、不同农事季节和农时活动对气象服务的需求,结合精细化网格产品,采用定向消息群发方式,及时开展农业气象条件分析、农业气象灾害防御、病虫害防治、农业小气候调控等贴身气象服务。逐步实现差别化的精准气象服务,真正做好气象监测预报预警服务。

用户个性化自助定制预警,分为气象要素临界值预警和作物关键物候期气象要素适宜度阈值预警,气象要素临界值预警主要是气温、湿度、风速、雨量的临界值预警,用户设定自身关注的临界值,平台根据实况数据进行预警;作物关键物候期气象要素适宜度阈值预警,是为用户根据作物关键发育期,对作物生长适宜度的不同气象要素临界值进行设置,平台根据未来7天的预报数据进行预警并推送相关的农事活动建议(图5.48)。

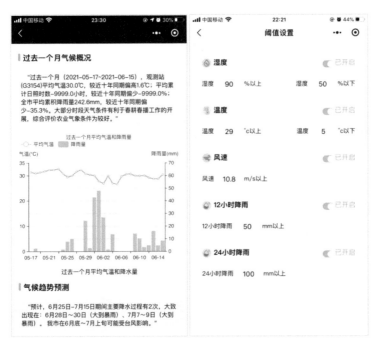

图 5.48　个性化阈值预警与气候评价

气候资源是农业生产的基础,是决定各种农作物的适宜种植范围及其产量和品质特征的重要因素,而气象灾害和病虫害是农业生产的限制因素,趋利避害合理利用丰富的气候资源是稳产增产的关键。针对现代农业产业园开展气候评价,涵盖园区气候背景、四季风特征、高影响天气分析、干旱影响分析、不同历时不同重现期降水量、近 10 a 灾害过程统计数据、汛期概况、过去一个月气候概况、气候趋势预测、雨量和干旱等级图、农事活动建议等。促进各农业产业园合理开发利用气候资源，实现产业的精细化发展和科学化布局。

② 休闲旅游

根据广州都市型农业的特性和大众喜好，如赏花观云、观光农园、休闲农庄等，为公众用户提供定制式的花卉花期预报、休闲观光气象预报、水果采摘指数预报、垂钓指数预报。基于微信用户位置、当前时令、气象指数、景区天气进行智能化景区和路线推荐（图 5.49），围绕"休闲农业"和"乡村旅游"，基于精细化指数产品与休闲旅游智能推送服务，提升用户出游气象服务体验，拓展都市农业服务领域，推动绿色生态建设。

图 5.49 广州休闲旅游与智能推荐

平台采集广州 110 个农业公园、85 个赏花景区、众多羊城名胜古迹的游玩信息，打上个性化标签，记录花卉花期、水果采摘时令等信息，基于位置信息，根据用户偏好（关注标签、浏览记录、收藏记录等），结合出行指数、景区天气、当前时令、景区距离，实现兴趣推荐、热门推荐、综合排名、距离最近、人气最高、游玩路线等智能推荐。

③ 农业气象业务模型超市

广州拥有蔬菜（冬种蔬菜）、水产、花卉、岭南水果、种业、休闲农业等众多都市农业特色产品，贯穿"产前-产中-产后"的"农用天气预报＋气象灾害监测预警＋病虫害监测预警＋气象指数保险＋气候评价"农业气象服务链条，需要构建各类气象指标及应用模型，方能在立足业务需求的情况下深化服务，为农业生产提供科学决策。

为了能够灵活构建或调整模型、调度模型运算、评估模型应用，将业务模型划分为指数等级模型、多元拟合方程、空间分析模型、机器学习应用引擎和第三方模型引用。将智慧农业气象大数据中心的数据资源定义为模型输入参数数据源，运用可视化建模方式（模型实体、数据集、预处理、分析计算、算法等节点可拖曳），定义气象数据资源统计的通用算法公式（求和、平均、最大、最低、过程有效累计算法等）和集合算法（数据交集、并集、去交集、去并集等），基于 GDAL 类库构建空间分析模型，基于SparkML 建立序列分析、相关分析、聚类分析、回归分析等数理统计分析模型及机器学习智能分析模型，用于建立农业气象业务应用模型。

平台融合广州特色农产品（荔枝、龙眼、蔬菜、水产、花卉等），围绕农用天气预报指标、作物产量预报、农业气象灾害指标、农业气象指数保险、病虫害发生发展分析、气候资源区划、灾害影响评估等业务构建了 73 个模型算法（图 5.50），将数据中心的实况预报数据通过模型运算，根据模型影响因子实现气候条件评价、农用天气预报及灾害影响评估，并结合 GIS 生成图形化产品，指导农业生产活动。

图 5.50　农用预报模型设置

④ 病虫害图像识别与趋势分析

广州高温高湿的气候条件易引发病虫害，影响作物的产量和品质，严重时甚至导致农作物绝产，病虫害的防治是非常有必要的，其中病虫害的图像识别与趋势分析则尤为关键。

构建病虫害小百科(病虫害的病名、病原、症状、防治方法)及图谱,通过网络爬虫从病虫害百科、垂直网站、图集网站收集广州经济作物的常见病虫害图集,并与农业气象知识库的病虫害信息进行比对标识,通过卷积神经网络算法,对病虫害的典型例图进行训练学习,形成基于人工智能的病虫害图像识别引擎,基于微服务开放病虫害图像识别微服务接口,用户通过微信公众号的病虫害监测模块上传拍摄的病虫害图像,进行病虫害识别,并根据返回的病虫害信息、危害描述、危害典型图集、防治方法等百科信息(图5.51)。

同时,对病虫害的发生地点、受害情况、植株图片等现场数据进行采集,基于二三维地图展示区域病虫害发生发展形势。运用农业气象模型超市中的病虫害发生发展气象等级监测预警模型,基于气象实况与预测资料进行动态预警,实现病虫害趋势分析。

图 5.51　病虫害图像识别

5.5.5　上海都市智慧农业气象服务平台

上海都市智慧农业气象服务平台开发采用 UI、GIS、RS、BI、SpringBoot、分布式多级缓存、并行计算、负载均衡等技术,实现了监视监测、业务制作、数据产品、成果展示和开放互动五大功能,提高了工作效率以及气象为农服务能力。

5.5.5.1 设计理念

上海都市智慧农业气象服务平台根据不同场景需要,整合多部门农业相关的信息资源,为领导决策提供全方位信息支持,为部门协同防御灾害提供技术支撑,为农业气象业务人员和气象信息人员提供智慧智能工作条件,为农户、农业部门、政府部门提供定制服务,实现综合农业业务服务信息全覆盖(图 5.52)。

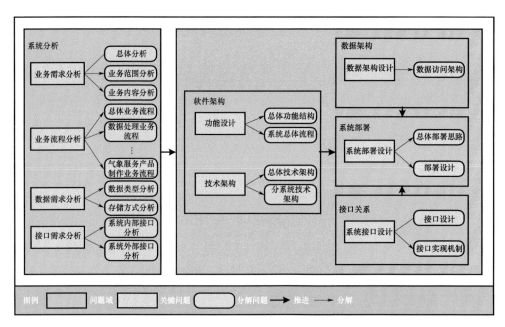

图 5.52 上海智慧农业气象服务平台整体设计思路

(1)统一数据环境,内嵌子模块

上海都市智慧农业气象服务平台采用"统一数据环境,内嵌子模块"的设计方式。这种设计方式其灵活性、可扩展性、高效性、可维护性和可靠性让系统能够更好地满足不同场景的需求。每个模块独立开发、方便后续的更新、迭代测试和维护。模块化的建设不仅可以满足新技术、新方法的升级需求,同时不会对整个系统产生影响。上海智慧农业气象服务平台分为数据支撑与管理模块、监视监测模块、查询分析模块、产品制作模块、风险预警模块、遥感监测模块、专题服务模块、产品管理模块。

上海都市智慧农业气象服务平台数据支撑与管理模块,是统一数据库的重要子模块,气象数据收集和存储是基于"天擎"、分布式云存储、共享存储中的气象数据,包括自动气象站、农田小气候站、智能网格预报数据等、实景资料、农业部门提供的各类农作物分布地理信息数据、上海市气候中心自行研制的针对本地区的农业气象模型数据和农业风险灾害阈值等。有来源广、数据源格式不统一、数据质量不可控、数据及时性不佳的特点,利用数据库、高性能存储和可视化管理界面,实现信息的集中和统一管理。可视化界面展示系统所需数据的更新情况,明确每类数据源下属要素是否存在更新异常情况,提示管理员进行数据更新、补、调等功能,保证每天系统数据的正常入库和业务的开展,为业务人员的正常使用提供了有力的保障。

(2)交互式监测,及时预警

上海都市智慧农业气象服务平台提供降水、气温、逐日温度累计、湿度、风速、日照,共六大类 15 种气象要素指标的查询。通过各类气候数据的关联、过滤、切片、扩展、聚合等多种整合方式,同时考虑数据的横向(时间)和纵向(空间)等多个维度的统计结果,实现了相互之间的联动对比分析,提供多维度多视角的统计分析结果。基于观测资料和地理数据,以柱状图表等形式展现指定时间段内,要素的时间序列和情况,以色块的形式呈现指定时间段,上海市内的累积降水量、距平百分比。以折线图的形式展现上海市指定时间段、指定站点辐射情况。在图表中以折线的形式展示指定时间段、指定站点多个不同类型数据。目前,系统支持对总辐射、净辐射、反辐射、大气长波辐射、地面长波辐射、光合有效辐射,共六大类 19 种辐射指标的查询。上述辐射数据支持下载。

基于上海自动站、小气候站以及客观模式资料,结合灾害阈值,开展针对不同农作物的气象灾害风险预警,提前预警农业生产者可能面临的气象灾害,提醒农户和相关部门采取相应的防护措施,减少损失。系统采用两种落区方式,分为平滑落区以及行政落区两种形式。行政落区精细到上海市乡镇农业,包括低温对青菜、番茄幼苗期和黄瓜幼苗期的影响风险;高温对大棚蔬菜、单季晚稻的影响风险;暴雨(强降水)对蔬菜、单季晚稻播种期的影响风险;大风对大棚、单季晚稻灌浆中后期的影响风险。平滑落区是业务人员可以通过系统提供的集约化的人机交互主观落区绘制。整个流程清晰明确,较好地提高了工作效率。

(3)业务产品全流程自动化

上海都市智慧农业气象服务平台基于强大的数据库、灵活的模板配置和快捷的交互式体验,提供了各类农业常用情报材料、农时农事、预报制作、专题制作的制作功能。基于数据库,产品库统计出制作产品所需统计量,农事建议部分调用农事建议数据库,制作人可自行选择、编辑内容,完成后保存至产品库,经审核人审核返回后,产品完成,产品制作人即可签发发布。基于数据分析和决策支持模块的结果,设计智能化的产品生成模块,根据农业生产者的需求和市场需求,生成个性化的农产品生产方案。结合市场行情和消费者需求,推荐适合的农产品种植方案,帮助农业生产者提高产品质量和市场竞争力。

5.5.5.2　服务应用

（1）农业风险预警产品

基于上海自动站、小气候站以及客观模式资料,结合灾害阈值,开展针对不同农作物的气象灾害风险预警,提前预警农业生产者可能面临的气象灾害,提醒农业生产者和农业相关部门采取相应的防护措施,减少损失。平台主要考虑低温、高温、暴雨、大风低温、连阴雨的天气对农业生产可能带来的危害。关注低温对青菜、番茄幼苗期和黄瓜幼苗期的影响风险;高温对大棚蔬菜、单季晚稻的影响风险;暴雨(强降水)对蔬菜、单季晚稻播种期的影响风险;大风对大棚、单季晚稻灌浆中后期的影响风险;连阴雨对蔬菜瓜果和各类经济作物造成的影响风险。该平台对气象灾害的影响范围采用两种落区方式,分为行政落区和平滑落区(图5.53)。行政落区精细到上海市乡镇,依靠地理信息数据库,部分农业气象灾害的影响甚至可以精确到上海全市的种植区域。平滑落区是在业务工作中,业务人员可能会根据自己的经验和主观判断对预报结果进行调整,相对应的风险区域也会随之调整,所以在风险预警产品制作中也可进行平滑落区的方式。预警图片生成后,自动放入材料中,业务人员再进行文字编辑。整个流程高效清晰,对及时性要求很高的农业风险预警不仅保证了每一次产品的统一性并较好地提高了工作效率。

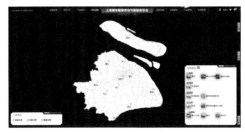

图 5.53　上海智慧农业气象服务平台农业风险预警产品制作界面

（2）农业气象业务产品制作

农业气象业务的各类产品一年就高达到70份,平均每一周就有1.5份。因此农业气象业务产品的制作流程对自动化要求较高。产品涉及上海市基本站的气温、降水、日照、土壤水分、土壤湿度等数据和相关统计分析结果完成分布图绘制;基于农事建议数据库,给出初步的文字分析材料包括影响分析和农事建议。借助平台完成界面历史资料栏展示可查看已经发布过的历史产品信息,并提供预览、上传功能(图5.54)。针对非常规的业务产品或决策服务材料,平台借助其产品制作模块提供内嵌的小工具供业务用户统计分析,包括观测值与气候态值对比,极值发生时间等。用户可以对该段时间的天气情况进行进一步诊断分析,完成服务材料的制作。

图 5.54　上海智慧农业气象服务平台农业气象业务产品制作界面

（3）粮食产量预报流程

全面了解粮食产量的影响因子,建立实时而准确的粮食产量预测模型,对粮食的仓储、加工以及经营贸易企业的经营策略提供有力的支撑具有十分重要的意义。该系统基于前期预报模型,通过读取数据库中的历年逐日的气象要素、环流指标等基础要素作为预报因子,将观测以及预测年的因子代入模型,得出历史回报以及需要预测的结果,对回报的粮食产量数据以及实际观测的粮食产量数据计算相关系数,用作模型的优劣判定(图 5.55)。

图 5.55　上海智慧农业气象服务平台粮食产量预报界面

（4）监测查询分析

平台监测查询要素除了基本站常规气象要素外,还包含了农田小气候站的六大类 19 种辐射指标(总辐射、净辐射、反辐射、大气长波辐射、地面长波辐射、光合有效辐射)和站点的实景图、指定时间段和指定生育期的农情情况(生育期、体高、发育期距平)、灾情查询、界限资料(有效积温、活动积温、降水量、暴雨日数、日照日数、开始时间、结束时间、持续天数)。在页面中,以多种类型的图联动共同展示降水、温度等气象要素的距平,空间分布差异。以折线图、表格、填色图等形式展现指定时间段、指定站点的气象要素情况和统计分析结果(图5.56)。以不同的折线呈现指定时间段、指定站点的气象要素情况。以表格的形式展现上海市指定时间段、指定生育期的农情情况。在页面中详细列出指定时间段、指定区域灾情及对作物的影响情况。

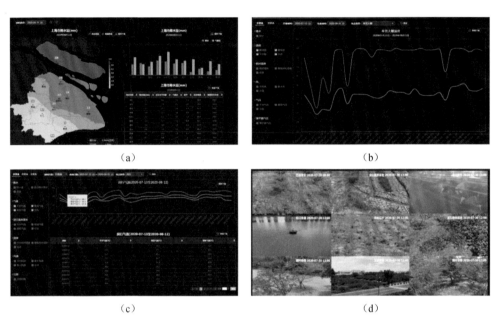

(a)

(b)

(c)

(d)

图 5.56 上海智慧农业气象服务平台监测查询分析界面

(a)常规气象要素监测;(b)农田小气候;

(c)气象要素信息查询;(d)农田实景图

第6章

都市农业气象保障技术发展展望

6.1 都市农业气象服务未来发展方向

6.1.1 中小农户——都市农业气象服务的主阵地

　　都市农业的最大特点和优势就是毗邻城市。这就造成了都市农业一定会受城市扩张的直接影响,同时服从于城市运行管理。具体而言,就是很多都市农业项目在土地面积、经营规模、经营主体等方面都不会太大,种植养殖基地分散布局,由中小农户和职业农民经营的中小农业是都市农业的主要形式。

　　对于中小农业,有学者研究指出,在现代世界经济中,小规模家庭农业生产者的绝对数量在上升,占到了世界人口的40%。在大部分发展中国家,尤其是在"小农圈"的亚洲地区,以农民家庭为单位从事的小规模农业依然是农业经济中的主体。亚洲和太平洋地区容纳了全球60%的人口,同时也拥有占全球74%的家庭农业,亚太地区的小规模家庭农场生产了这一地区80%的食物,为粮食安全做出了巨大贡献。即便是在资本主义最为发达、市场经济最为活跃的地区,也依然留存着一部分在小规模土地上从事家庭经营的小农场。在欧洲依然有占全球小农场数量4%的数百万小农,还有许多大农场正在重新回到小农经营的模式,进行着"再小农化"的实践。从全球角度看,小农农业养活了世界70%的人口,是单位面积最有效率的生产模式。在中国市场化和商品化发展中,我们依然看到以家庭为基础、以生存为导向、以人与自然的互惠为根基的传统小农农作,仍在不同程度地存在于广大农村,成为小农家庭维系生计、应对市场风险的重要策略。目前我国中小农户数量占农业经营户的98%,中小农户从业人员占农业从业人员的90%,中小农户经营耕地面积占总耕地面积的比重超过70%,中小农户仍然是中国农业现代化中的重要组成部分。

　　2017 年党的十九大报告提出的"乡村振兴战略",在构建现代农业产业化体系和培育新型农业经营主体外,强调中小农户发展的重要意义,并力图在城乡融合的基础上,实现中小农户与现代农业的有机衔接。现在,越来越多有知识、有技术、有情怀的返乡青年,为"三农"(农业、农村、农民)带来了新技术、新模式、新理念,更促成了中小农户与现代农业发展的有机衔接。过去,中小农户是脱贫攻坚的主要对象,现在,他们是乡村振兴的主体,未来,他们将是中国农业现代化的驱动力、需求方和受益人。可以说,当下以及未来正在实现的小农现代化将是中国贡献给世界的重要经验。

　　因为小农户、小农业的灵活性,也就容易催生他们所经营的都市农业产业更容易产生更多的新业态,农业与加工、物流、仓储、电商、金融、文化、旅游等的深度融合,让都市农业的场景更加丰富、发展更具活力。但是,小农户因受经营规模、内容、地域和知识水平的不同的限制,对农业气象服务形成了显著的需求差异化。目前,各级气象部门虽然提供了丰富多样的农业气象服务产品,但这种大尺度的产品不能满足小农业精细化、差异化的需求。如:果农需要知道冷积温预测开花期,提前开花 1 周就意味着果品就能提前 1 周上市,就能形成明显的价格优势;此外,种蘑菇的农户关注湿度,水产养殖户关注气压、气温和光强等,这些气象数据和服务气象部门都可以很快、很简单地加工生产,但却很难送到每一个农户手里。这就造成了都市农业气象服务中存在的供给和需求之间不对接、不对称的矛盾。

　　小农户生产的高附加值特色农产品很少有专业的农业气象服务。相对来说,小农户更需要气象服务来保证他们生产效益的稳定,但他们也是最难获得自己想要的服务。归其原因,主要是因为场景复杂和效益问题。现在市场上无论是公司还是气象部门所提供的面向小农户、特色农业的气象服务,都无法完全满足小农户真正的需求。科技公司的气象服务有灵活性和服务针对性强的特点,但是大多数科技型公司还是要追求商业利益,所以提供的产品价格高,服务技术不系统。而气象部门虽然以公益免费服务为主,提供的数据权威且技术积累深厚,但是因为没有较好的激励机制,气象部门提供的面向小农户的服务产品针对性弱、技术迭代也慢。因此,面向中小农户的气象服务需要技术的优化和模式的创新。

　　2019 年,农业农村部和中央网信办发布《数字农业农村发展规划(2019—2025年)》,其中要求,"引导各类社会主体利用信息网络技术,开展市场信息、农资供应、废弃物资源化利用、农机作业、农产品初加工、农业气象'私人定制'等领域的农业生产性服务,促进公益性服务和经营性服务便民化"。2021 年,中央一号文件《关于全面推进乡村振兴 加快农业农村现代化的意见》中提到,要"完善农业气象综合监测网络,提升农业气象灾害防范能力",要"发展壮大农业专业化社会化服务组织,将先进适用的品种、投入品、技术、装备导入小农户"。2022 年,国务院在《"十四五"推进农业农村现代化规划》中提到,"加快发展社会化服务,将现代生产要素导入小农户,提升科技水平和生产效率"和"引导小农户进入现代农业发展轨道"。同年,《气象高质量发展纲要(2022—2035 年)》要求,到 2025 年,要实现"气象服务供给能力和均等化水平显著提高"的目标,要发展基于场景、基于影响的气象服务技术,强化特色农业气象服务,实现面向新型农业经营主体的直通式气象服务全覆盖。

这些国家层面所给出的政策意见,为开展面向中小农户的气象服务提供了指导思想和发展方向。所以,中小农户一定将是都市农业气象服务的主阵地,这也是都市农业气象服务区别于其他特色农业气象服务的首要特征。

6.1.2　服务市民——都市农业气象服务的新对象

传统农业气象服务理念中,气象服务一定是要为农民服务的。对于都市农业气象服务而言,农民一定是服务的主要对象和核心对象。但是,作为都市型农业而言,农民是农产品的生产者,而市民则是农产品的消费者,农产品的价值不仅是由农民的产量和品质决定的,更是由市场和消费者喜好左右的。所以,对于面向都市农业的气象服务而言,我们的服务不仅要满足农民对农业生产的服务需求,还要向产业链的后端进行发力,将服务重点和理念由服务农民向服务市民进行转变。

气象服务农民不再赘述,此处更重要的是分析哪些气象技术可以服务市民,市民需要哪些与农业相关的气象服务产品和内容。随着中国经济社会的不断发展,人民对美好生活的向往和要求不断提高。其中,安全、好吃的高品质的农产品是现阶段和未来城市百姓追求的农产品目标。我们的都市农业气象服务要告诉城市的市民,哪里的农产品好吃、好的农产品什么时候成熟、什么时候的农产品口感最好、哪里的农产品更安全……这些内容多少都跟农产品的气候条件有关系,都市农业气象服务要根据气候资源条件等信息,利用作物模型评价技术等手段,完成对高品质农产品的评价。除了农产品的评价以外,休闲农业、研学农业、旅游农业、文创农业等都是都市农业重要组成部分,也是都市农业中经济价值最大的部分。作为市民而言,周末和假期前往乡村农家院、民宿等度假,已经成为再平常不过的生活模式。在这个过程中,旅游类的气象服务就可以和都市农业进行结合,告诉市民什么时间去什么地方有旅游价值,可以去哪里避暑纳凉、可以去哪里躲避严寒、可以去哪里康养健身、可以去哪里采摘度假等等。目前,我国城市居民的周末中短途旅游的主要形式就是近郊的乡村游,他们不仅关注交通、住宿等这些最基本的需求,也会关注当地的餐饮和土特产。但是,我国大部分城市的近郊游同质化现象比较严重,如何能体现当地不同的旅游特点,吸引城市居民"留下来"并且"再次光临",是需要为当地旅游资源和土特产进行"二次加工"。其中,都市农业气象服务可以挖掘服务内容,将农产品气候品质认证、天然氧吧、气候宜居城市、避暑城市等气候服务品牌进行整合,为旅游资源和土特产打造独特"气"质,搭建市民更加关注和喜爱的农业气象服务体系,帮助农村和农民用好老天爷给的得天独厚的自然资源。

6.1.3 智慧气象——都市农业气象服务的驱动力

气象为农服务的战略意义不必多言。但在新时期新形势下,提高气象为农服务的能力和效率,更好地保障粮食安全和农产品稳定供给,一定需要更为先进的理念和技术加持。都市农业气象服务需要顺势而为,率先站上数字化、信息化、智能化的风口,自我革新,加快完成都市农业气象服务的智慧化转型。

面向国家战略层面,智慧型的都市农业气象服务是助力农业强国的重要手段。党的二十大提出了"农业强国"的战略目标。我国要实现从农业大国向农业强国的转变,首先就是科技支撑要强。一直以来,气象服务是农业安全高效生产的重要保障,将更多智慧气象服务技术与现代都市农业场景结合,全力保障都市农业率先实现更高水平现代化,为农业强国战略提出都市农业气象服务的智慧解决方案,是不可替代的政治担当。

面向部门发展层面,智慧型的都市农业气象服务是气象高质量发展的重要标志。国务院印发的《气象高质量发展纲要(2022—2035年)》中提出,到2035年,以智慧气象为主要特征的气象现代化基本实现。近期,中国气象局正在推进气象科技能力现代化和社会服务现代化,这都是对标习近平总书记对气象工作的要求,落实气象高质量发展纲要的具体做法。农业是中国气象局最早、最大的服务对象,农业气象是否能实现智慧化转型,也能从一个方面证明气象高质量发展目标是否全面实现,都市农业更应该在整个农业产业、农业新业态下率先完成智慧化的转型和应用。

但是,目前对于智慧型的都市农业气象服务而言,还存在一些问题。一是顶层设计不到位。与数值预报、气象探测、卫星雷达等气象部门的其他领域相比,智慧农业气象的发展定位不能及时随形势和市场需求更新,任务分工不明确,技术路线图模糊,基础能力有短板,服务产品缺乏品牌效应,人才梯队、大项目等存在断档的问题。二是市场化发展理念不明确。现在的农业气象服务还在走公益性服务的老路,智慧农业气象缺乏服务的盈利模式,不能实现"自我造血"的功能;多数服务"产品"还达不到"用品"的级别,更达不到"商品"的标准;各级农业气象服务平台的智慧特征不明显,智慧"冠名"的多,智慧"实名"的少。三是核心技术没有深度应用。作物模型等农业气象特有技术的应用程度并不高,农业气象观测数据的服务潜力没有得到充分发挥,缺乏对AI、用户画像、图像识别、区块链、大数据、大模型等新技术的及时研究探索和应用。四是产业潜力没有深度挖掘。在部门内,智慧农业气象服务各自为战,缺乏可用的统一数据、产品的接口和标准;对部门外,未能实现与农业、国土、工商、水利、商业、保险、民政、文旅等外行业数据的对接,气象数据价值没有得到充分挖掘;农业气象服务链条仅聚焦于产中环节,产前和产后的服务缺乏,第二产业和第三产业的服务也没有延伸到位。

都市农业气象服务应该抓住"智慧"二字的要求,不断在技术层面上寻求服务效果的突破。不断完善各类作物模型和灾害指标体系,继续在"云＋端"、图像识别、大数据、云计算等领域开展研究成果应用,积极开展区块链、人工智能、大模型等新技术的研究。同时,要以格点化、用户画像等技术实现直通式、定制化服务,要从为用户推送"冰冷"的数据转变为提供"暖人"的提醒,体现服务的温度。要推动农业气象核心技术的"众筹、众创",打造农业气象服务产品加工的"中央厨房",搭建农业气象服务产品供给的"供销社",要让农业气象的用户体验到"只有你不要的,没有我没有的"服务感受。

6.1.4　市场价值——都市农业气象服务的竞争力

何种农业的气象服务归根结底还是属于服务,服务就是要面向市场,服务势必产生效益。当下,市场上的气象服务企业如雨后春笋,其中,农业是他们竞争的主战场。面对日渐激烈的行业竞争,都市农业气象服务不能再以传统的"兵法"应战,一定要发挥都市农业气象服务在数据、技术、资源、资本、人力、市场等方面的优势,以智慧化的技术和思路武装服务产品,尽快融入市场竞争,赢得市场竞争。

要做好都市农业气象服务,关键还是要坚持服务跟着需求走。都市农业的产业结构和特征多变,从事都市农业生产的农民对气象服务的需求和诉求更多变,所以我们提供的都市农业气象服务的内容和形式也一定要根据需求积极改变。面对我国新时期的现代都市农业,智慧都市农业气象服务既要认清小农业、小农户占我国农业经营主体比重97％以上的现状,要看到都市农业场景众多复杂的现实,也要敏锐发现都市农业新业态对气象服务的特殊需求,要深入挖掘都市农业产业链后端对气象服务的"蓝海"。农业气象业务人员,要深入学习调研农业发展的大背景和大趋势,紧跟地方农业产业方向和节奏,保持气象服务与农业需求的"同频共振",让智慧理念、智慧装备、智慧手段、智慧产品跟上农业产业的要求。另一方面,农业气象的科研人员,也要紧跟信息产业的发展趋势,时刻保持技术的先进性,发挥气象事业先导性的优势,保证气象服务技术领先农业应用场景"半个身位"。对于都市农业气象服务,应该在"智慧"上创新技术、在"农业"上拓展场景、在"气象"上对接需求、在"服务"上体现价值。

在顶层设计上,国家级管理和业务单位要加强农业气象智慧化转型的思考,积极对接农业农村部、中央网络安全和信息化委员会办公室等国家部委的要求,融入数字乡村建设,融入高标准农田建设,融入"三园三区"建设。在任务分工上,区县级和地市级农业气象业务服务人员要成为智慧农业气象服务的"客户经理""区域经理",及时服务产品的推广及服务需求的反馈;省级农业气象业务服务人员要成为农业气象服务的"产品经理",负责个性化服务产品的研发;国家级农业气象业务单位要成为农业气象服务的"研发部门",负责智慧农业气象的底层逻辑设计和顶层构架设计,加快建立农业气象统一的数据接口、产品格式等。在发展理念上,推进农业气象的社会化观测,尝试开展观测数据产品的线上交易,"谁需求、谁付费,谁服务、谁受益",农业气象观测要大幅降低成本,战略性放弃精度,战术性提高密度,以实现复杂场景农业气象的全覆盖,并根据复杂场景的需求,引导用户按照"产品订购-场景定制-内容订阅"的思路,实现服务产品的"靶向"推送。

长期以来,我们大多数传统的农业气象服务,更多聚焦在第一产业的种植业,而实际上,农业产业链条非常长,气象服务的场景也更复杂,包括农产品加工、仓储、物流、保险、期货、销售、文旅等都对气象有不同的需求。所以,都市农业气象服务要率先打开视野,积极融入都市农业的上下游产业,打造都市农业生产全链条的智慧型服务,调动业务技术存量,实现农业气象服务的价值增量。例如:大力推进农业保险、期货的气象技术研发与应用;为农产品和农业物资的仓储运输流通提供气象增值服务;打通与农业、林业、商业、文旅等部门的数据交换和共享,挖掘气象数据在这些行业和新业态中的服务价值;将气候好产品、农产品气候品质认证等与气候宜居城市、天然氧吧等气候品牌同步推广。遵循服务的市场规律,营造"产品-用品-商品"的理念,促成农业气象服务的价值进阶转化,并建立合理的农业气象服务价值反馈机制,提高市县基层农业气象业务人员的服务意愿。

6.2 都市农业产业链条新业态对气象服务需求

都市农业的"三生"(生产、生活、生态)特征决定了都市农业具有很长的产业链条。除了本书前文所述的生产中的生产过程气象服务、农业保险气象服务以及气候品质评价等服务类型以外,随着未来都市农业产业的发展,更多的农业产业链条中的环节及其所创造的新业态,也需要各种融入式的气象服务,气象服务的内容将更加丰富,气象服务的技术也将更加具体。本书为读者介绍一些地方气象部门或市场所开展的各种气象服务,并尝试分析一些新产业、新业态中的气象服务需求,供相关单位开展服务参考。

6.2.1 农产品仓储与气象

农产品在储藏过程中容易受气象环境影响发生霉变。为减少由于气象原因引起的农产品损耗,减少人、财、物力的浪费,提供科学准确的针对性的专项预报,通过粮食储藏气象指标和实时气象数据分析,结合粮食仓储企业的适用性提出服务思路,以便气象更好地服务于农产品储备工作。

目前,农产品仓储已由过去分散式、粗放式的仓储模式仓储向集中式节约式模式转变,农产品仓储库现有设备多为固定仓房、罩棚仓简易罩棚、露天囤、露天垛、老式席茭囤、水泥板囤(仓)露天储粮、钢结构千吨囤露天储粮、罩棚露天储粮、砖混平房仓、筒仓、保温钢板平房仓等不同设备。其中保温钢板平房仓、固定仓房、棚仓、筒仓等新设备目前已经安装了空调等设备可以做到自动控温控湿外界气象条件变化影响不大。但是,简易罩棚、露天囤垛或普通厂房对外界气象环境变化非常敏感,采用防护措施稍有不当就可能造成较大损失。

农产品仓储对气象要素有不同的具体要求。

(1)温度

对温度的要求主要集中在夏季,气温过高会导致仓内温度明显上升,仓内温度25 ℃以上对仓储不利,应在夜间进行通风降温,根据实验数据判断,白天仓温与室外温度差值在5 ℃左右;另外,日较差过大(日内最高、最低气温差距较大)对控温不利,也会对农产品安全造成威胁。

(2)湿度

因为春秋两季湿度低,仓库集中在这两季进行通风降湿,所以春秋季节应适当增加湿度预报。安全的粮仓相对湿度应保持在25%~30%左右,而通风降湿需在空气湿度低于仓房内湿度的情况下进行,因此空气湿度预报尤为重要。

(3)强降水

强降水对农产品仓储影响较大。由于仓房屋顶存在漏洞,较弱降水可以被遮挡影响较小,但强降雨则容易造成雨水倒灌、渗透,浸泡农产品,严重影响农产品的品质。

(4)大风

仓储过程中对风力强度的需求迫切,6级以上的大风会严重损坏仓顶的防晒网,增加仓储成本,造成直接经济损失,8级以上大风可能会破坏屋面彩板和加固不到位的宣传牌板,造成较大损失。

(5)雷电

强雷电容易引起雷击起火及粮食库区内电子秤、监控系统损害造成较大损失。

(6)大雪

较强的降雪和雨夹雪会形成冰冻雨雪,压垮仓库的屋面。在10月下旬至11月中旬为北方地区粮食晾晒期,对雨雪提前7 d预报可节约大量人力物力,提高农产品仓储的安全性。

针对农产品仓储的服务需求,可以制定仓储气象服务方案,并采取相应的工程手段以降低农产品仓储的气象风险和灾损。如针对大风天气提供大风专项服务;针对温度高于30 ℃以上的天气,开展仓储高温预报服务,并可拓展进行空调运行的相关服务;针对农产品集中收获期,可开展收获期、晾晒期的气象预报服务等。

6.2.2　农产品物流与气象

农产品物流是物流业的一个分支,指的是为了满足消费者需求而进行的农产品物质实体及相关信息从生产者到消费者之间的物理性流动。就是以农业产出物为对象,通过农产品产后加工、包装、储存、运输和配送等物流环节,做到农产品保值增值,最终送到消费者手中的活动。

农产品物流相比其他物流有其独有的特点:一是产品物流数量特别大,品种特别多。二是农产品物流要求高,农产品与工业品不同,它是有生命的动物性与植物性产品,所以,农产品的物流特别要求"绿色物流",在物流过程中做到不污染、不变质,这就对时间和环境要求很严格,而且由于农产品价格较低,一定要做到低成本运行。三是农产品物流难度大,包括农产品的包装难、运输难和仓储难。虽然我国农产品物流活动出现得比较早,但无论是在农产品物流理论研究还是在实际操作上,我国农产品物流的发展都很缓慢,其中不仅是因为农产品的保鲜技术限制,也是因为物流的跨区域运输,气象条件的精准预报服务没有助力冷链运输降低成本。

"新鲜"是鲜销农产品的生命和价值所在,但由于鲜活农产品存在含水量高,保鲜期短、极易腐烂变质等问题,这就大大限制了运输半径和交易时间,因此,对运输效率和流通保鲜条件就提出了很高的要求。有数据表明,我国水果蔬菜等农副产品在采摘、运输、储存等物流环节上的损失率在 25%～30%,也就是说,有 25% 的农产品在物流环节中被消耗掉了。而发达国家的果蔬损失率则控制在 5% 以下,美国蔬菜水果物流则更为典型,产品可以一直处于采后生理需要的低温状态并形成一条冷链:田间采后预冷—冷库—冷藏车运输—批发站冷库—超市冷柜—消费者冰箱,水果蔬菜在物流环节上的损耗率仅有 1%～2%。而目前我国农产品的冷链物流尚未形成,其仍是以常温物流或自然物流为主,在整个物流链条上,未经加工的鲜销农产品占了绝大部分,而这些农产品大多数因运价、运力、交通基础状况和产品保鲜技术等造成腐烂、变质,损失巨大。因此,我国农产品冷链物流的薄弱状况造成了我国农产品在物流过程中的资源浪费。

目前,气象部门结合各地实际情况,开展物流气象服务,为物流行业规避气象灾害风险、提升运行效率做出贡献。在全国层面,气象部门每日向国家邮政局提供《全国快递行业天气提示》,这一服务是根据国家邮政局需求开展的常态化服务,包含全国快递物流线路天气预报、0 ℃和－20 ℃关键气温阈值、高影响天气和道路结冰提示等信息,发送至全国 31 个邮政管理部门和韵达、中通等快递企业总部,为全国物流调度提供气象参考。而对于绿色农产品而言,其对天气服务的要求更高,尤其是现在各地消费者对水果等异地优势特色农产品需求很大,都市农业气象服务需要在如何满足消费者上再进行深入服务思考。

6.2.3　农产品加工与气象

据媒体公开报道,2020年我国农产品加工业营业收入超过23.2万亿元,农产品加工转化率达到67.5%。对于大多数农产品,工业加工是扩大市场、创造品牌、增加利润的重要途径,也是保持、改善和提升农产品口味主要手段。我国地理幅员辽阔,农耕历史文化厚重,各地对不同农产品进行采后再加工的习惯由来已久,且工艺手段独特,晒、晾、酿、腌等古法食品加工工艺成为成就当地地理标志农产品的重要内容。

民以食为天。当今社会,随着人民群众对高品质生活要求的不断提高,食品的安全性和高品质成为百姓最为关注的健康内容。很多日常食品用品的配料表是百姓购物的必审内容,大家对众多食品添加剂"谈虎色变",贴有零添加、自然成熟、无催熟剂、低保鲜剂标签的食品成为超市的"尖儿货",而且有越来越多的消费者更青睐于"古法酿造""古法制作"的食品。在工业化大力发展的今天,传统农作物加工工艺更变成了彰显生活品质和生活态度的体现。

农产品加工与气象条件关系密切。自古以来,农作物收获后,在储藏加工前必须要经过最基本的晾晒、风干等处理。采收后的作物主体普遍需要降低含水量来控制其后期的呼吸作用和微生物的滋生,所以农作物采收后首先采取晾晒、风干、烘干等方式进行脱水处理,而有些作物在脱水后可直接作为商品出售,而此环节大多是在自然环境操作,所以此期间的气象服务变得尤为关键。有研究人员进行了大量的研究,做出了小麦、玉米等的晾晒气象条件标准,并利用多年气象统计资料,依据不同作物的晾晒气象条件标准做出管理适宜期分析。如陈焕武(2012)通过对佳县2011年红枣干制过程中的气象条件分析,得出气温、晴雨以及光照对红枣制干过程中霉烂发生率的影响;高敏等(2017)对滇南地区咖啡晾晒气象条件分析,利用未来7 d累计降水量和未来7 d平均温差为参数,应用函数分析确定晾晒指数,建立了基于晾晒指数的滇南地区咖啡晾晒气象适宜度等级预报方法;徐德源等(1992)通过试验对不同葡萄品种,并结合新疆吐鲁番、和田、阿拉尔、莎车地区的30 a气候条件分析,对不同地区、不同品种葡萄的制干时间和品质进行了分析并得出葡萄制干的适宜气象条件和时间;余绍合(1990)通过对新疆哈密地区降水和晾房通风条件分析探讨生理气象条件因素对引发新疆无核白葡萄在制干过程中褐变的影响。除了粮食作物的晾晒风干气象条件影响研究,也有专家对水产晾晒风干气象条件指数进行研究,阙成蛟等(2017)利用浙江舟山风速、气温、相对湿度及蒸发量等气象资料,建立了不同季节的鱼鲞晾晒风干气象预报指数;陈骥等(2019)综合分析福建宁德市不同站点降水、气温、风速风向以及未来降水预报等气象条件建立海带晾晒气象适宜指数。

对于现代工厂的农产品深加工过程中,也有对精准气象指标和气象阈值的需求。以中国农业科学院农产品加工研究所食品营养与功能因子利用创新团队的工作为例，挂面的自动化生产升级就与气象实现了技术融合。传统挂面的制作工艺对天气依赖程度较高。而在工厂加工过程中，挂面会产生酥条、短条等问题，这在很大程度上是由于干燥环节对温度、相对湿度、空气流速等参数的控制比较粗放所导致。该创新团队通过研究，揭示了挂面干燥过程温度场分布、水分扩散和水分状态变化规律，分段精准控制挂面干燥的温湿度等，让挂面水分均匀度提高 22％以上，节能 23％以上。另外，在生产过程中，也存在着阴雨天排风扇的使用数量和能耗增加，高温天气需要降温增湿等情况，可以根据天气预报提前布局，达到生产降低能耗、提高效益的目的。

对于农产品加工而言，还要聚焦到源头阶段。好原料是做好加工最基础的条件，而原料品质与产地自然地理、气候条件关联紧密。气象部门可以与农业部门合作，引导特色农产品向最适宜区集中，确定不同区域适合种植的特色农产品的类型，摸清地方天气气候条件对农产品特殊品质的贡献率，探索原材料气候品质条件与加工适宜性、营养价值之间的关联，这对打造特色农业品牌、增强产品溢价能力具有重要意义。

本书作者对农作物处理加工期间气象条件影响的研究进行了文献调查发现，目前国内对农产品晾晒和风干等粗加工气象服务开展较多，对于农产品精加工以及传统工艺加工等研究存在一定不足，在气候品质评价和合理化气候区划的研究方面也较少。农作物加工离不开适宜的气象条件，传统工艺的农作物加工更是对气象条件有着严格的要求。气象条件对农作物处理加工过程的影响占比较大，特别是对传统酿造、晾晒工艺的影响更是显著。在农产品加工过程中，气象条件、产品管理存在可操作性，所以专业的气象服务可以有效提升传统农产品加工业应对不利气象的能力。另外，开展农业生产以及农产品加工过程的气象品质认证，可以挖掘农产品的潜在价值。以白酒、食醋等酿造发酵工艺中的气象条件影响分析为例，开展选用原料的气候品质评价和酿造发酵过程的气象条件评价研究发现，适宜气象条件对于酿造类产品的有机组分、营养物质含量均有有利影响。又如干果晾晒过程中，适宜气象条件对产品的口感、营养价值以及出品率也都具有明显的影响。

农作物种植过程中合理规避气象灾害和风险可以有效减少损失，处理加工过程中充分利用有利气象条件可以提升产品品质和商品率，开展农作物加工气象服务对于高气候品质作物的经济效益是一种保障，也为农产品品质提升提供理论依据。所以，农作物处理、加工气象服务同样具有重要意义。

6.2.4 农产品期货与气象

除农业天气指数类保险外，农产品期货也是重要的气象金融服务产品。因此，农业保险和农产品期货应是气象在农业产业链条中实现专业气象增值服务的第一场景。

随着全球气候变暖和自然灾害频繁发生,气象期货作为新兴的金融工具吸引越来越多的投资者。天气变化引发的期货行情也成了各大投资机构热议的话题。气象期货是指通过交易所进行交易的天气预测指数,包括天气期货和气候期货两种。天气期货是指基于天气变化对某些商品生产、销售、供货等方面的影响进行的交易,如玉米、大豆、棉花、天然气等,其中,农产品是最重要的期货。气象期货的交易会受到许多因素的影响,如自然灾害、政策变动、能源价格变化等,因此也存在较高的风险和挑战。

气象期货存在着天气效应,因此天气的变化会直接影响期货价格。最简单的案例就是,干旱会造成粮食价格上涨,因此投资者需注意气象预报,及时调整投资组合。都市农业气象服务的重要内容,就是可以通过技术分析和基本面分析相结合的方式来把握天气变化引发的农产品期货行情,通过图表和指标等技术手段来分析价格变化的技术规律,能够较为准确地判断市场趋势。

国务院印发的《气象高质量发展纲要(2022—2035年)》明确提出,积极发展金融、保险和农产品期货气象服务。目前,国内金融机构已经开始在大宗农产品期货上进行商业布局。2023年7月,由中国人寿财产保险股份有限公司广东省分公司(简称广东国寿财险)与中泰期货股份有限公司(简称中泰期货)、天韧科技(上海)有限公司合作研发,基于"中央气象台-大商所温度指数"的水产养殖温度指数保险产品在广州正式发布。本次签约的水产养殖温度指数保险挂钩"中央气象台-大商所温度指数"中的广州站日平均温度指数,一旦某日该指数超过赔款触发值,参加保险的当地南美白对虾和四大家鱼养殖户即可获得赔款,且温度越高、赔款越多,预计项目第一期将为养殖户提供300多万元的风险保障。大商所自2002年起便开始研究农业天气风险管理,2005年围绕服务农业生产、保障粮食安全目标与中央气象台开展长期战略合作。2009年,双方发布了第一版温度指数。2022年,双方在中国国际服务贸易交易会上正式对外发布了完善后的"中央气象台-大商所温度指数"。

目前,农产品期货的气象服务产品处于刚起步阶段,市场推广应用规模还不大。但据作者从市场了解,期货交割中对气象条件的分析占有很大的比重,气象因素对期货价格的影响巨大,也是唯一可相对准确预测的价格影响因素。所以,开展农产品期货的气象服务,未来将有很大的发展和盈利空间。

6.2.5　农产品电商与气象

农产品电商通俗来说就是农产品的网购行为。有些地方政府为了打开当地农产品的销路,建立专门的农产品网购平台,让当地农户通过网购平台来购买或者售卖当地的农产品,让农民借助网络平台坐在家里就可将自家生产的大米、蔬菜、杂粮等推广出去,拓宽了农产品销售渠道。

农产品在进行电子商务行为过程中,涉及采收、包装、运输等过程。相比传统农产品的买卖行为,电子商务需要更短的时间和更高的效率。而采收、包装、运输等过程,都与温湿条件有很大关系,良好的温湿条件也对农产品的品质有很大的影响。

目前,据作者了解,在农产品电子商务中,国内气象部门没有广泛开展专项的气象服务。但在羽绒服等季节性商品销售中,能够看到电子商务与气象间的联系,可以作为未来气象服务向农产品电子商务融合的启发思路。2023 年 11 月,全国 30 个省会级城市刷新气温新低,助推多地入冬进程,但羽绒服生意的春天却同步来临,京东、淘宝等电商平台的羽绒服搜索量陡增,电商平台也将羽绒服放置在页面显著位置,直播平台也加大了羽绒服销售主播的投放量。此外,从电商的长期经营策略上来看,气候预测也有服务价值。羽绒服生意高度依赖天气环境,几乎所有的全球气候模式都承认气候变暖的事实,这对羽绒服品牌而言,意味着它们将面对更多极端气候事件和越来越难以预测的天气,频繁的不确定性将是对各品牌应变能力和商业模式的考验。国内知名羽绒服品牌波司登正从商业模式上对天气不确定性做出应对,通过增加产品类型等举措调整品牌定位与策略。

未来,电子商务一定是农民与市民间重要的交易渠道,"从田间到餐桌"的农产品渠道会成为城市中高端的供应模式,时令性蔬菜水果的季节宣传也将是电商做广告资源投放的重要商业策略。总之,气象服务如何融入农产品的电子商务,需要进一步进行技术积累和市场需求挖掘。

6.2.6　农业研学旅游与气象

研学作为融学于游的教育新形式,近年来社会热度越来越高。2023 年,上海市青浦区秋季研学产品发布会暨"乐稻心田"气象研学项目启动仪式在朱家角镇周家港村举行,来自旅游、教育等行业单位负责人为青浦文旅市场带来一系列全新的秋季研学产品,其中以气象融入研学成为新亮点。通过创新研学产品、发展研学行业,为青浦旅游业和教育事业发展注入新活力,内容涵盖了自然、人文、气象、科技等多个领域,主题丰富、特色鲜明。

气象和农业,历来是中小学第二课堂中重要的内容。对于城市孩子而言,气象是重要的科普内容,而农业却大多是科普的短板,将农业和气象二者进行结合,开展农业气象的科普和研学活动,是能够实现"一石二鸟"的功效。例如,从作物发育期的视角认识农业观测大田作物的玉米和谷子,通过现场观测学习什么是拔节、抽穗、分蘖和抽雄等。

此外,二十四节气是中国传统优秀文化中最典型的气象知识,如何挖掘二十四节气与农业生产之间的关系，为每一个节气拓展农业生产的故事，可以是都市农业气象重要的增值服务领域。2019 年，由中国气象局华风气象传媒集团与中国气象局气象宣传与科普中心联合主办的"中国天气·二十四节气研究院"正式成立，研究院旨在以弘扬传统文化为己任，充分挖掘"二十四节气"中的气象元素，结合地域气候差异、风俗文化差异和历史传承，在健康养生、文化习俗、农耕文明和品牌赋能等方面开展应用研究和文化传播。通过农业研学旅游，让中小学生了解二十四节气以及背后的自然天气和物候现象，应该是农业研学旅游与气象最直接、最具特点的服务结合，也是都市农业气象服务在教育行业的最好尝试。

6.2.7　乡村旅游康养与气象

乡村的旅游康养农业是一种新型的农业模式，它融合了传统农业的一产和三产，旨在将农民、农村和农业围绕健康价值升级出新的业态。旅游康养农业的兴起与当下大健康的趋势是密不可分的。随着我国城市化进程的加快，人民生活水平的提高，中国的人口老龄化正在加速到来。根据最新公布的数据，我国的人口赡养比已经达到了 5∶1，这意味着中国的养老压力陡然增长了一倍。根据国家卫生健康委员会、全国老龄工作委员会办公室办发布的《2021 年度国家老龄事业发展公报》，截至 2021 年末，全国 65 周岁及以上老年人口抚养比为 20.8%。平均不到 5 个年轻人需要赡养 1 位老人。面对如此庞大的老龄社会压力，旅游康养逐渐成为各地面向"夕阳人群"的"朝阳产业"。而旅游康养农业在农业用地、扩大规模、运营成本、改建成本、人力成本等各个方面都具有优势，加之国家对农村基建的投入、对农村的各种政策优惠，农村发展康养农业的条件反而更为成熟，旅游康养农业完全有潜力成为一个万亿规模的大产业。

乡村旅游康养农业的兴起，给农村带来了新的机遇，同时也带来了新的挑战。如何进一步提高康养农业的品质和服务，适宜的气候旅游资源和面向康养中老年客户的全程伴随式精心服务，气象是可以挖掘新的服务增长点的。首先，乡村旅游康养的季节性和流动性需要气象的跟踪服务。旅游康养在一定程度上来说都是跨区域人员流动，出发地、路经地和目的地的气象条件预报应该是气象部门最先完成的服务内容。其次，乡村旅游康养的地域属性需要气候资源评价佐证。哪些地方适合康养旅游，这些地方开发成为康养目的地的气候资源优势有多少，一年之中哪个季节有多少时间可以接待异地游客等等，这些都是气候资源分析需要给出的答案。目前，全国各级气象部门都与文旅部门深度融合，"天然氧吧""避暑清凉""滨海度假""气候养生""宜居城市"等多种气候旅游资源被深度挖掘，"旅游＋气象"的服务体系和规模逐渐成熟。乡村旅游康养的气象服务还应该继续深挖自然气候资源的内容，将旅游康养进一步与好的农产品组合，真正做好"土特产"这篇文章。

6.3 都市农业气象服务新模式解决方案

6.3.1 "天知稻"——"气象＋保险"服务解决方案

（1）工作背景

小站稻作为天津传统的特色优质农产品，是现代高效农业的典型代表，习近平总书记曾两次关切询问天津小站稻的发展情况。2018年，天津市政府相继出台《天津小站稻产业振兴规划》《天津市小站稻产业振兴实施意见》，坚持高端发展定位，积极开展集约化、规模化种植，力推统一种植、统一管理、统一经营的模式，全力重塑小站稻品牌。

优质的小站稻对贯穿其生长发育期的气象条件要求极高，同时作为天津市粮食作物的地理标志农业品牌，更是对与之配套的气象服务提出新的要求。然而，传统气象服务产品迭代缓慢，不能满足品牌农业生产的个性化需求，并缺乏上下游产业的全程服务；服务的商业化水平偏低，政策、数据、技术、渠道等优势资源的利用率不高，市场份额被瓜分。基于以上服务需求和思路，天津市气象部门按照市委市政府对天津小站稻产业发展的总体布局，以智慧气象建设成果为依托，整合资源，创新思路，打造小站稻的专属气象服务品牌——"天知稻"，推出产前、产中、产后全程服务链，保障小站稻安全高效生产，助力小站稻品牌振兴。

（2）主要内容

为深入贯彻落实习近平总书记关于小站稻的重要指示精神，按照小站稻产业振兴相关规划方案要求，天津市气象部门制定《小站稻产业振兴气象服务实施方案》，着力打造小站稻专属气象服务品牌。创新政府主导、部门合作、企业参与、农户融入的工作格局，实现气象搭台、各方参与、多方共赢的可持续运行机制。

① 研发小站稻专属气象保险，跨部门合作共促气象风险防御

2018年，天津市气象部门与人保财险天津分公司签署了战略合作协议，紧紧围绕小站稻种植产前投保成本、产中气象风险、产后销售效益等农户及生产企业最为关心的问题，研发基于小站稻种植生产气象风险的农业气象保险，以降低小站稻种植风险、保障种植效益为切入点和落脚点，将农业保险送进田间地头，打开农业气象保险市场，共促金融保险在气象防灾减灾救灾领域的深入发展。气象部门与保险企业发挥各自优势资源，确立了"保险＋气象服务"的叠加模式，提升了农业气象保险的附加效益，既为小站稻种植实现了产前的风险规避，又为其产中提供贴心的气象服务，该种模

式增加了生产用户的信任和依赖,同时也对两部门发挥了互为促进的有效作用。

② 助力打造小站稻优质品牌,促生产销售实现共赢

为提升小站稻品质,天津市政府大力推进优良品种全覆盖。为助力天津打造高端小站稻品牌,天津市气象部门自 2018 年开始,在宝坻、宁河、津南等小站稻主产区启动小站稻气候品质评价及气候信息溯源工作。通过对近 20 a 水稻生长相关数据的收集,开展水稻生育期气象条件对其影响的分析,总结气象条件对水稻口感、营养等维度的影响,最终形成水稻的气候条件品质评估及溯源规程,再为小站稻贴上气候品质评估标签,大大提升了小站稻的品牌影响力和认知度。

目前,气象部门已为多家稻米生产合作社贴上气候品质评价的二维码标签,扫描二维码即可查询稻米生长季的气象条件、田间管理、病虫害、农药使用等信息以及稻米品质及气候品质评价证书。贴上气候品质评价标签的小站稻“身份更为尊贵”,不仅售价高于普通稻米,公众的认知度也明显提高,该做法既为生产者提高了生产效益,又为消费者开辟了找寻高品质水稻的途径,可谓是实现双赢。

③ 打造小站稻服务生态链,提出风险对冲解决方案

天津市气象部门遵循“边服务、边总结”的理念,在前期服务的基础上,分析总结小站稻种-产-销等各个环节的潜在气象风险,提出“风险对冲”方案,进而形成“助力产前科学决策、产中科学管理、产后增收增效”的服务模式,并围绕此理念创立了“天知稻”为农气象服务品牌,形成了针对小站稻全生育期的气象保障服务链条。产前,气象部门开通线上农保精算,与人保公司研发推出全国首例水稻品质气象保险,并开展小站稻种植年景预测,帮助种植户了解生产风险并选择农业保险;产中,基于数值预报和病虫害预报模型,针对小站稻不同生长期开展精细化天气预报、灾害性天气预警、病虫害致灾气象条件预警,并利用物联网技术实现远程调控生长环境,保障小站稻品质,降低灾害风险及管理成本;产后,持续推进小站稻气候品质评估溯源工作,作为品质保险理赔和优质稻米评估的重要依据,实现“品质不足保险兜底,品质达标品牌增效”的风险对冲方案。

④ 聚合优势资源,实现多方共赢,形成长效发展

天津市气象部门立足本地优质特色农产品,创新服务思路,开拓服务市场,强调技术成果市场导向,探索互利共赢的服务模式。立足小站稻产业振兴,助推农业供给侧结构性改革,扩大绿色农业、品牌农业的市场价值;实现气象科技成果市场转化,发挥气象为农服务引领作用;培育投保意识,吸纳潜在用户,扩大农业保险覆盖面和市场份额;品质提升,品牌振兴,确保种植收益,促进稻米标准管理,实现稻米绿色生态产业兴旺发展。

(3)创新点

① 风险对冲方案,规避生产风险,驱动两端利益

围绕稻米产前、产中、产后整条服务链,以气象保险＋服务减损＋品质评估的产

品组合,降低产销风险,把前端预防、风险对冲的理念渗透到后端事故损失补偿机制中,形成气象＋保险的新模式,将产中精细气象服务和产后品质溯源作为保险产品的增值服务提供给种植户,达到出灾前服务减损,成灾后保险兜底,无灾时品牌增效的目标,为小站稻种植户提供了最大化的"风险对冲"解决方案,有效串接和盘活了生产各环节的气象服务价值。

② 创新服务模式,实现多方共赢,形成可持续运营

跳出由气象部门主导研发和提供服务的固有思路,以开放的心态形成"气象搭台,各方参与"的服务机制,打通了与保险公司、企业和其他社会资本的多方共赢渠道——气象部门通过市场化手段,以技术盈利实现自我造血能力;保险公司通过投放新险种实现增收,通过气象精准服务减少理赔概率实现节本;小站稻生产企业实现了品质增效和保险兜底,获得了直接经济利益;种植管理部门以政府购买服务的方式,提高了整个小站稻生产行业的防灾减灾能力。

(4)取得的成效

通过实践,"天知稻"气象服务模式紧紧围绕稻米产销关键环节,有效衔接了水稻生产各环节的服务需求,达到农业防灾减灾和提质增效的目的,为小站稻产业振兴注入了气象动力。

① 发挥气象为农服务社会效益

"天知稻"服务模式充分挖掘小站稻产业的痛点难点,围绕稻米产前、产中、产后重点环节,探索拉升产业链的手段和合作模式,助推小站稻振兴。气象风险预警和定制化保险的加持让农村防灾减灾能力得到提升;农技指导和气候品质评估使农民增产增收效益显著;水稻基质育秧物联网气象服务技术,科学调控苗床小气候环境,有效保障本地 5 万亩本田秧苗的正常生长。气象＋保险、气象＋政府、气象＋社会化公司的合作模式为其他本地优势农产品精细化气象服务提供了可快速落地实操的推广案例。

② 打造多方共赢的模式

"天知稻"产品上线不到两年,以其创新的服务理念和商业思路汇集各方优势资源,打通多方共赢的模式,农户收入有保障、企业盈利有亮点、气象部门有收益,真正实现了多方助力、产业振兴、相互受益的良性循环。项目实施以来,天津市气象部门累计获得市农业农村委和保险公司 40 余万元的资金支持,用以开展专项产品研发、技术落地和服务应用。新险种研发拓宽市场份额,增加保费收入,2019 年小站稻承保面积近 15 万亩,营业额达 60 万元;同时气象服务规避灾害风险,提供防灾减灾措施,最大限度地减少了不利天气对稻米的影响,减少了理赔启动概率。为优质稻米授予品质溯源评价证书,提升品牌价值,获得市场认可,稻米销售量较常年增长 30%,每斤价格涨幅在 0.5~1.0 元,实现了单价、销量双攀升,直接激发农户种植热情、投保意愿和品质管控,全市水稻耕作面积已近 70 万亩,实现从生产帮扶到销售辅助。

6.3.2　"丰聆"——农业气象服务"供销社"综合解决方案

国务院印发的《气象高质量发展纲要(2022—2035 年)》提出,2035 年实现气象服务供给能力和均等化水平提升。天津市气象部门挖掘都市农业气象服务中心平台价值,聚焦小农户对气象服务"常规产品不解渴""专业产品不好找"的供需矛盾,打造首个专业农业气象服务"供销社"模式产品——"丰聆",以私人定制方式打通服务供需渠道(图 6.1)。一是搭建农业气象服务"专卖店",气象部门展销农业气象服务产品,中小农户各取所需。二是推出私人订阅产品"团购餐",基于用户画像技术预制不同规格的产品推送至各类小农户。三是建设产品自动加工"流水线",按区域、作物等智能生成不同场景的服务产品。四是构建服务产品供应"双循环",开放接口,以众创模式引入社会资源,部门内外共同繁荣服务市场。

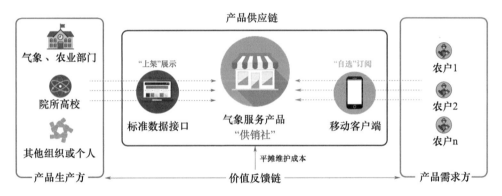

图 6.1　农业气象服务"供销社"模式——"丰聆天气"品牌设计示意图

(1)工作背景

小规模农业是我国农业经济的主体,党中央大力支持中小农户发展。党的十九大、党的二十大先后提出"小农户和现代农业发展有机衔接"和"发展农业适度规模经营"。2021 年、2022 年中央一号文件要求"将先进适用的技术、装备导入小农户""聚焦关键薄弱环节和小农户"。国务院印发的《气象高质量发展纲要(2022—2035年)》中,将"实现面向新型农业经营主体的直通式气象服务全覆盖"作为气象为农服务提质增效行动的重要举措。

天津市气象部门作为都市农业气象服务中心牵头单位,参考农业农村部和中央网络安全和信息化委员会办公室关于"开展农业气象'私人定制'服务"的建议,围绕小规模农业生产场景多、经济附加值高、气象敏感性强等特点,持续在服务产品、服务技术、获取渠道等方面开展特色农业的个性化服务探索。

（2）主要内容

天津市气象部门遵循"行业主导、需求牵引、科技支撑、市场参与"的原则，创新提出气象服务"供销社"模式解决方案，打造面向中小农户的专属气象服务品牌——"丰聆"，即以"供销社"搭建农户与产品的"交易"平台，以市场化标准评价服务效益，倒逼气象部门与社会力量联合为中小农户优化服务产品、提高服务质量，引领面向中小农户的农业气象服务高质量发展。

① 发挥既有优势，填补中小农户专业气象服务空白

针对中小农户特色农业的气象服务需求，天津市气象部门发挥都市农业气象服务中心的平台优势，凝练了名优特色农产品的气象服务新思路，形成了面向中小农户的都市农业气象智慧服务模式，并在天津、河北和内蒙古进行服务示范，助力当地中小农户特色农业增效增收。

② 打造"丰聆"品牌，提出小众农业智慧气象解决方案

总结近年工作经验和科技成果，提出了基于"云＋端"技术的特色农业智慧气象服务解决方案。观测端：研发低成本、易移动的特色农业小气候观测设备，完成对小众农业场景的组网布局，体现了"观测即服务"的理念；云服务：由数据-算法服务器组成"中央厨房"，完成服务产品的自动加工，由产品-用户服务器组成"供销社"，向农户推送产品；应用端：开发"丰聆"微信小程序，通过"丰聆商城""我的丰聆""我的服务"三个功能模块实现了产品订购、场景定制和服务订阅（图6.2）。

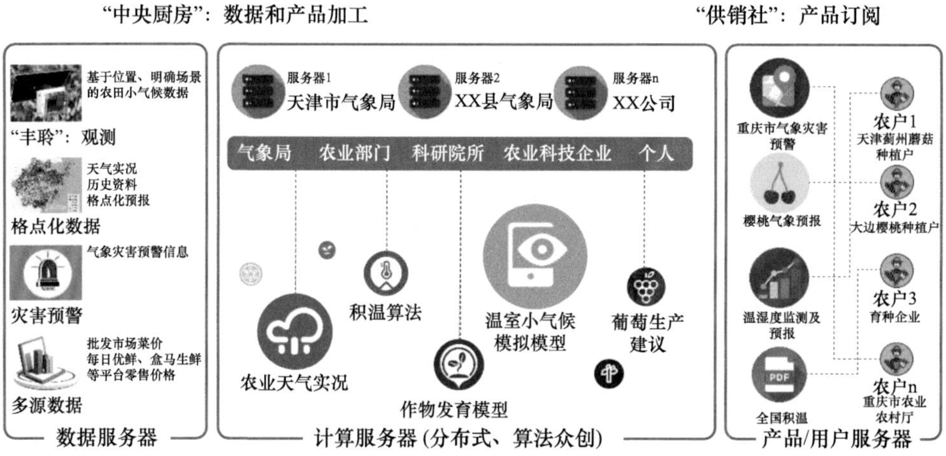

图6.2 "丰聆"品牌智慧农业气象服务解决方案示意图

③ 营造商品概念，输出业务服务产品价值实现理念

为农气象服务有公益性的属性，但对小众农业也有商品性的特征。"供销社"创造性地提出以销量来衡量服务效益的评价方法，服务优劣通过"销售额"即知。服务产品商品化，使产品需求明确、价值清晰，让气象部门更有活力，让科技企业更有效

益,也有助于让农户认识到气象服务应成为继种子、化肥、农机之后必备的"农资"。

④ 引入多方资源,培育农业气象服务双循环大市场

气象部门单独实现中小农户多场景服务技术开发的难度较大,"供销社"积极吸引高校、科研院所、企业和农民加入平台,形成技术服务"赶集",实现技术跨区域流通、服务跨体制循环,促成气象服务由针对个别小农户的"小卖部"重组为覆盖全体中小农户的"大卖场"。

(3)创新做法

① "订购-订制-订阅"功能,实现小农户个性化气象服务全覆盖

"中央厨房"预制各类用户的气象服务产品"套餐"并在"货架"上展示,中小农户根据个人需求进行服务产品的订购以及个人使用场景的订制,面向不同类别的农户,后台基于画像技术开展进行靶向发布,实现分区域、分时段、分灾种、分作物的精细化智能服务。

② "产品-用品-商品"逻辑,促成农业气象服务的价值进阶转化

秉承"产品有用就有价"的市场思维标准,推进农业气象业务产品商品化,坚持"谁服务,谁收益"的商业运营思路,确保服务价值可量化、可转化,为不同服务供应商搭建从技术实现到经济变现的通道,并促进体制内外"双循环",繁荣服务市场。

③ "事业-企业-行业"构架,构建农业气象服务双循环产品供应

充分发挥我国超大规模市场优势,充分调动体制内外两方面的气象技术供给资源,盘活气象和农业部门的传统服务技术库存,引导高校、科研院所和社会化科技公司以及科技型中小农户开展服务交易,发挥资本和技术优势,形成农业气象统一服务的"大市场"。

(4)可推广性

① 气象业务有出处

搭建的农业气象服务框架结构合理,可覆盖不同生产场景,建立的"丰聆"服务平台具有普适性,可推广到全国基层气象部门;基层农业气象业务人员可结合本地特色,充分利用本地高精度的格点数据和农业指标开发"小快灵"的适用产品,推动基层农业气象的科技成果转化。

② 为农服务有出口

聚焦中小农户需求,开发的首个服务产品线上"供销社",打通了农业气象服务产品供给渠道,指引了中小农户寻找专属气象服务的方向。通过平台建设,有效促进了农艺和农技的结合,进一步解决了农业科技服务"最后一公里"中实用技术与信息传输不同步的问题。

③ 市场繁荣有出路

开放数据和产品接口,引进高校、科研院所、科技企业或技术农户等社会资源参与"供销社"建设,各方根据服务效益进行利益分配,有很好的科技成果市场转化前

景。此外,通过气候品质评估、气象指数保险等服务,实现气象为多行业赋能,延长农业气象商业服务产业链,开展数据交易、社会化观测等内容也拓展了产品生态圈。

（5）取得成效

① 注重服务温度,取得业内肯定

一是相关成果已在中心成员单位及内蒙古突泉县推广,助力当地乡村振兴。二是 2022 年 11 月,技术内容在中国气象局举办的智慧气象服务助力突泉乡村振兴专题会上进行交流发言,取得领导认可和广泛关注。三是蔬菜栽培和育种育苗场景服务模式和产品形式,得到了农民的关注和认可,有效提高了农户的技术管理水平和灾害应对能力,平均每亩节本增效 1700 元。

② 突显科技深度,获得业外认可

一是技术开发工作获得天津市农业农村委员会的关注和支持,入选天津蔬菜产业技术体系专家组成员单位,1 名专家担任智能化装备研究室主任,3 a 累计获得资金支持 200 余万元,2022 年 10 月,“丰聆”技术装备受邀在全国农机化主推技术现场演示活动中进行新成果展示。二是底层核心技术成果获得了 2019 年天津市科技进步二等奖,入选了 2019 年、2021 年全国数字农业农村新技术新产品新模式优秀案例以及中国气象局“十三五”以来优秀气象科技百项优秀成果。

③ 优化业务制度,实现提质增效

一是新颖的服务模式和服务产品价值反馈机制,调动了市-区两级业务人员积极性,促进业务产品内容优化、服务质量提升。二是订制产品的自动生产制作,发挥了格点化产品的功效,提高了业务的自动化、精细化和智能化水平。三是拓宽科技研发思路,引导科研项目方向更接地气,科研成果转化有了新途径。

④ 拓展发展维度,得到资本关注

多方联合研发机制已助力合作企业实现了经济获益。此外,相关技术成果与多家国内知名科技企业进行了沟通交流,引起了资本市场的关注。

参考文献

埃比尼泽·霍华德,2010. 明日的田园城市[M].金经元,译. 北京:商务印书馆.

安徽省气象局气象标准化技术委员会,2019. 农业气象观测规范 草莓:DB34/T 3503—2019[S].合肥:安徽省市场监督管理局.

陈焕武,2012. 红枣干制中的气象问题——以佳县 2011 年红枣为例[J].陕西气象(6):51-52.

陈骥,李长顺,赵一夫,2019. 宁德海带晾晒期高影响天气气象服务技术研究[J].统计与管理(4):108-111.

陈婷,杨泓,李亚玲,2018. 气象要素对多旋翼无人机飞行的影响[J].中国设备工程(1):70-171.

程陈,冯利平,薛庆禹,等,2019. 日光温室黄瓜生长发育模拟模型[J].应用生态学报,30(10):3491-3500.

崔宁波,郑雪梅,于兴业,2018. 国外都市农业产业体系发展模式比较及借鉴[J].世界农业,8(8):16-21.

段玮,2020. 无人机技术在气象服务中的应用[J].南方农机,51(8):55.

高敏,张茂松,黄俊,等.2017. 滇南地区咖啡晾晒气象适宜度等级预报方法[J].热带农业科技,40(2):15-18,21.

宫志宏,董朝阳,于红,等,2017. 节能型日光温室智能加温控制系统设计[J].中国农业气象,38(6):361-368.

何雄奎,2020. 中国精准施药技术和装备研究及发展建议[J].智慧农业,2(1):133-146.

黄珍珠,李春梅,2006. 广东木棉、苦楝主要物候期温度指标及其农业气候意义[J].广东气象(4):49-51.

句芳,2007,都市农业到底具备多少项功能[J].北方经济(2):15-16

乐章燕,魏瑞江,石茗化,等,2018. 华北设施农业区气候资源分布及季节变化特征[J].江苏农业科学,46(8):285-290.

黎贞发,刘涛,董朝阳,等,2021. 基于夜间室内外温差计算方法的日光温室气候分类[J].农业工程学报,37(22):194-201.

黎贞发,王铁,宫志宏,等.2013. 基于物联网的日光温室低温灾害监测预警技术及应用[J].农业工程学报,29(4):229-236.

黎贞发,刘淑梅,王铁,等,2016. 日光温室气象监测与灾害预警综合技术应用研究及推广[Z].天津:天津市科技成果.

黎贞发,王铁,刘德义,等,2011. 日光温室气象监测与灾害预警系统研制[J].气象科技,39(2):247-252.

李娟,郭世荣,罗卫红,2003. 温室黄瓜光合生产与干物质积累模拟模型[J].农业工程学报,19

（4）：241-244.

李宁，申双和，黎贞发，等，2013. 基于主成分回归的日光温室内低温预测模型[J]. 中国农业气象，34（3）：306-311.

李清明，魏珉，张大龙，2018. 山东省日光温室结构类型[J]. 农业工程技术，38（19）：28-34.

李永秀，罗卫红，倪纪恒，等，2005. 用辐热积法模拟温室黄瓜叶面积、光合速率与干物质产量[J]. 农业工程学报，21（12）：131-136.

李玉华，褚希，杨秋彦，等，2020. 山东省首届无人机大赛气象条件及服务技巧分析[J]. 陕西气象（4）：53-57.

林正平，洪峰，刘鹤，等，2019. 浅析影响植保无人机作业效果的主要因素[J]. 中国植保导刊，39（4）：70-72，85.

刘淑梅，薛庆禹，黎贞发，等，2015. 基于 BP 神经网络的日光温室气温预报模型[J]. 中国农业大学学报，20（1）：176-184.

刘涛，黎贞发，董朝阳，等. 天津市保暖式钢骨架大棚越冬蔬菜生产气温适宜度评价及冷害风险评估[J]. 气象与环境学报，2024 年（录用）.

刘鑫，2019. 单旋翼植保无人机旋翼流场下洗气流速度分布规律研究[D]. 大庆：黑龙江八一农垦大学.

刘秀娟，周宏平，郑加强，2005. 农药雾滴飘移控制技术研究进展[J]. 农业工程学报，21（1）：186-190.

马云华，2019. 都市农业：9 大经营模式、4 个商业模式、10 个案例剖析[EB/OL]. 农业行业观察. https://www.sohu.com/a/322973357_99909493.

毛丽萍，李亚灵，温祥珍，等，2012. 苗期昼夜温差对番茄产量形成因子的影响分析[J]. 农业工程学报，28（16）：172-177.

毛文革，2016. 无人机在气象服务中的应用[J]. 浙江气象，37（4）：38-40.

农业农村部种植业管理司，2021a. 设施草莓生产技术规程：NY/T 3848—2021[S]. 北京：中国农业出版社.

农业农村部种植业管理司，2021b. 食用稻品种品质：NY/T 593—2021[S]. 北京：中国农业出版社.

青鹿四郎，1935. 農業経済地理[M]. 东京：農文協.

邱国梁，姜昊，2019. 中国都市农业发展探析[J]. 湖北农业科学，58（20）：185-189.

阙成蛟，何晴，徐哲永，等，2017. 鱼鲞晾晒风干气象指数预报研究[J]. 农业与技术，37（22）：228-229.

屠先志，2019. 影响植保无人机作业的环境因素[J]. 农业开发与装备（1）：144.

王昌陵，何雄奎，曾爱军，等，2020. 基于仿真果园试验台的植保无人机施药雾滴飘移测试方法与试验[J]. 农业工程学报，36（13）：56-66.

王冀川，马富裕，冯胜利，等，2008. 基于生理发育时间的加工番茄生育期模拟模型[J]. 应用生态学报，19（7）：1544-1550.

王萍，朱海霞，王晾晾，等，2021. 黑龙江省典型日光温室气候生产潜力估算及分析[J]. 中国农学通报，37（28）：81-87.

王伟，董晓虎，付晶，等，2019. 电力无人机气象环境适应性试验及防倾覆策略[J]. 湖北电力，43

(6):7-14.

王潇楠,何雄奎,王昌陵,等,2017. 油动单旋翼植保无人机雾滴飘移分布特性[J]. 农业工程学报,33(1):117-123.

王新增,慈林林,李俊山,等,2011. 基于改进粒子群优化算法的无人机实时航迹规划[J]. 微电子学与计算机,28(4):87-90.

王志翀,Herbst A,Bonds J,等,2020. 植保无人机低空低量施药雾滴沉积飘移分布立体测试方法[J]. 农业工程学报,36(4):54-62.

吴玉洁,叶彩华,姜会飞,等,2016. 不同积温计算方法作物发育期模拟效果比较 [J]. 中国农业大学学报,21(10):117-126.

徐德源,王素娟,1992. 葡萄制干气象条件研究[J]. 干旱区资源与环境 (1):106-114.

徐兴奎,王小桃,金晓青,2009. 中国区域 1960—2000 年活动积温年代变化和地表植被的适应性调整 [J]. 生态学报,29(11):6042-6050.

薛庆禹,黎贞发,刘淑梅,等,2015. 基于 BP、RBF、GRNN 神经网络及多元曲线拟台的北方冬季日光温室最低气温预报研究[C].//第 32 届中国气象学会年会论文集:1-13.

杨其长,2022. 以都市农业为载体,推动城乡融合发展[J]. 中国科学院院刊,37(2):246-255.

杨再强,罗卫红,陈发棣,等,2007. 温室标准切花菊发育模拟与收获期预测模型研究[J]. 中国农业科学,40(6):1229-1235.

余绍合,1990. 制干葡萄失水速度与气象条件的关系[J]. 新疆气象(12):18-21.

俞菊生,1999. 都市农业的理论与创新体系构筑. 农业现代化研究[J].20(4):207-210.

约翰·冯·杜能,2011. 孤立国同农业和国民经济的关系[M]. 吴衡康,译. 北京:商务印书馆.

曾爱军,王昌陵,宋坚利,等,2020. 风洞环境下喷头及助剂对植保无人飞机喷雾飘移性的影响[J]. 农药学学报,22(2):315-323.

张明达,朱勇,胡雪琼,等,2013. 基于生理发育时间和生长度日的烤烟生育期预测模型 [J]. 应用生态学报,24(3):713-718.

章文鑫,陈阳,林伊文,2020. 浅谈无人机技术在气象服务中的作用[J]. 科技风(6):56.

中国气象局,1991. 农业气象观测规范(下册)[M]. 北京:气象出版社.

周培,2018. 都市农业与休闲农业[J]. 农学学报,8(1):215-220.

ASSENG S,2013. Uncertainty in simulating wheat yields under climate change [J]. Nature Climate Change,3(9):827-832.

WU L,FENG L P,ZHANG Y,et al,2017. Comparison of five wheat models simulating phenology under different sowing dates and varieties [J]. Agronomy Journal,109(4):1280-1293.

YANG F,XUE X,CAI C,et al,2018. Numerical simulation and analysis on spray drift movement of multirotor plant protection unmanned aerial vehicle[J]. Energies,2399(11):1-20.